誰も知らない「本当の宇宙」

ビッグバンは誤りだった。
月は地球の母だった。

佐野雄二

たま出版

《はじめに》

宇宙は有限か無限か？

地球は特別な星なのだろうか？

地球や宇宙はどうやって生まれ、今後どうなっていくのだろうか？

これらの疑問は21世紀の現代にあっても、なお新しい問題である。古くから問われていながら、これらの疑問への明確な答がいまもって無いからである。この現状は、現代科学の粋を集めて宇宙論や地球学が研究され続けていながら、今なお、ほとんど変わっていない。

かつて人は「地球が宇宙の中心である」と錯覚し、天動説が宇宙論を支配していたが、現在の宇宙論においても、ビッグバン理論やアインシュタイン仮説など、まだまだ「錯覚と誤解」にもとづく議論や研究が主流を占めている。

本書では、そうした「錯覚と誤解」にもとづく宇宙論を是正し、なにがホンモノの宇宙であり、地球の姿であるかを明らかにしていくつもりである。

人類は早、21世紀を迎えている。いつまでも中高生並みの宇宙観しか持ち得ないのでは大宇宙に対して申し訳ないと思い、この原稿を書き上げた。最後までご拝読いただければ、きっと数々の啓示と神秘の源に出合うことであろう。

誰も知らない「本当の宇宙」◯目次

《はじめに》……3

第1章　宇宙にビッグバンはなかった!……9

ガリレオとニュートン／アインシュタインの登場／閉じた、有限の宇宙／フリードマンの膨張宇宙論／光の赤方偏移の発見／ビッグバン宇宙論／定常宇宙論の衰退／ビッグバン理論への疑問／宇宙の膨張は気球にたとえられない／矛盾だらけの特異点理論／3K放射の問題点／欠陥明らかなインフレーション理論

第2章　アインシュタインの誤り……53

量子宇宙論は付録的理論／一般相対性理論の役割／アインシュタインの予言／光は

重力では曲がらない／重力は見かけの力／宇宙は無重力の空間／実験で証明できない引力／光は磁気で曲がった！／磁気レンズ効果と呼ぶのが正しい／磁力赤方偏移／存在しない重力波

第3章　これがホンモノの宇宙の姿だ……85

光の赤方偏移は磁気で起きる／宇宙に走る巨大な環状の電流／宇宙は四極子型の磁場／地球は宇宙の縮小形／ダルマ型宇宙／ブラックホールについて／原子型の宇宙／クエーサーの原理とプラズマ宇宙論／宇宙背景放射の真の原因／ダルマ型宇宙と原子型宇宙の重なり／宇宙の大きさ／地球の大移動／大移動は宇宙の出産／宇宙の人間原理／日月神示と火水伝文／地軸逆転の意味／宇宙の天地の逆転／出生後の地球

第4章　宇宙の創造……157

相似形の意味／大スサナル／宇宙は左回転の渦から始まった／宇宙創造の実験／国常立と大国常立

第5章　地球はどうやって人間を乗せて宙に浮き、半永久的に回転しているのか？……175

地球が宙に浮き、自転しながら公転しているのは何故か？／地磁気逆転と氷河期の関係／月が地球を回るのは？／潮の干満は月の引力ではなく、空中電位で起こる／赤道や南極にあっても天を上、地を下と感じるのは何故か？

第6章　地球の創造——月は地球の母だった……239

日月、日、月、地球の順／これまでの月形成説の欠陥／月に関する重大疑問／月は地球の母だった／月の内部の空洞の意味／クレーターは卵の殻の表面／月の表面に残る割れた傷跡／ある時期、月は太陽の中にもぐった？／月が大きい理由／月を母とする母子関係説／地震と月震の時期と理由／生物の繁殖や食欲との関連／女性の生理と出産への月の影響／満月・新月に凶悪犯罪、死亡事故が多い真の理由／月の魔力の正体は…

《おわりに》……………………………………………………………………………………276

第1章

宇宙にビッグバンはなかった！

ガリレオとニュートン

今から400年ほど前、ガリレオは宇宙についての捉え方に決定的な役割を果たした。それまで支配的で、ほとんど誰も異議をさしはさまなかった天動説に対し、「太陽が地球のまわりを回るのではなく、地球が太陽のまわりを回っている」として、コペルニクスの地動説を強力に擁護したのである。

当時は教会の権威が強く、教会が天動説をとっていたため、残念ながらガリレオの主張は認められず、彼は宗教裁判にかけられた。だが、「科学と宗教は分離しなければならない。宗教上の権威ではなく、観測が宇宙論の検証であるべきだ」として、ピサの斜塔での物体落下の実験、望遠鏡を使って初めての月の表面の観察や木星の衛星の発見、太陽黒点の発見や、宇宙が立体的で無限であることの指摘など、ガリレオの果たした功績は近代科学の父というにふさわしい。

宇宙論は、ガリレオの後、ニュートンによって大きく発展する。

１６４２年、イギリスに生まれたニュートンは「万有引力の法則」を明らかにする。その内容は、地上での落下運動を支配する力は宇宙にまで及んでおり、地上の物体にも遠くの天体にも「引力」という全く同じ力が働いているというものであった。

月が地球のまわりを円運動するのは、地球の重力（引力）が月に働いているからである。月が地球に落下してこないのは、円運動をしているために働く遠心力と引力がつり合っているからである。これは物体にヒモをつけて円運動をさせたときと一緒である。

ニュートンは、万有引力の法則をはじめ、自然界における物体の運動を支配している力学の法則などを明らかにした。

彼の描く宇宙観は、地上も天空も同一の時間と同一の物理法則が貫徹する空間が無限（絶対時間と絶対空間）にひろがっており、この宇宙においては、いつでもどこでも同じ運動法則が成立するというものである。

それまでの宇宙論は太陽系に限った宇宙論であったが、ニュートンによって初めて「全体としての宇宙」が、学問上取り上げられたといってよいだろう。その普遍的な宇宙観はその後、アインシュタインによって「相対性理論」が発表されるまで250年以上もの間、すべての力学的現象を説明する偉大な道具となったのである。

アインシュタインの登場

歴史は20世紀に入る。アインシュタインの登場である。アインシュタインは26歳のとき、「運動する物体の電気力学」という論文を発表した。すべての慣性系は相対的であることと、真空中の光の速さは絶対不変であるとする、いわゆる「特殊相対性理論」である。

アインシュタインの論文に先立って、18世紀から19世紀、いくつかの重要な科学的研究が為されていた。

そのひとつは「光」についての研究である。当時、「光は波である」とする考えが主流であった。

波は、たとえば水の波や空気の振動によって伝わる音波のように、すべて、何らかの媒体があって伝わることが出来る。同じように光が波であるならば、波を伝える媒体が宇宙空間を満たしていなければならないとされた。

宇宙空間を満たす媒体は「エーテル」と名づけられ、当時はエーテルを探し出すための数多くの実験が行なわれていた。そんな中、1881年にアメリカのマイケルソンとモーリーの行なった実験では、本来の目的であるエーテルの検出は失敗に終わったものの、

「どんな状況のもとでも光の速度は変化しない」という驚くべき事実が発見された。これは、絶対時間、絶対空間のなかでは光の速度は相対的であるとするニュートン力学とは明らかに相反する結果であった。

一方、電気の本質を追求したイギリスの物理学者マックスウェルは、１８６１年、「電磁場の理論」を発表した。その式の中で、真空中の電磁波の速度は定数「ｃ」で表され、それは秒速30万キロメートルであるとした。つまり電磁波の速さと光の速さは同じであり、常に定数としてしか現れないことを発見したのである。

これらの研究を受けて、アインシュタインは特殊相対性理論の中で、光は波としてだけでなく、粒子としての性質も合わせ持つため真空中を伝播できるとし、宇宙空間に波を伝える媒体たるエーテルは必要ないと表明した。

またガリレオ、ニュートン以来の「相対性原理」のうち、光の速さだけは絶対であり、相対性の原理から除外される。時間と空間は観測者の立場によって異なることを指摘し、「動いている時計は静止している時計よりゆっくりと進む」とか、「動いている物体は、その進行方向に沿って収縮する」などの特殊な現象が起こることを主張した。

これらは、ニュートンの「絶対時間」や「絶対空間」を否定する意味を持つ。質量とエネルギーが同等であることを示した有名な$E=mc^2$の公式も、特殊相対性理論の範疇である。

続いて、アインシュタインは特殊な慣性系に限らない、一般的な座標系に通用する理論として、１９１７年、一般相対性理論を完成させ、これを用いて宇宙論の研究に着手した。それまでのニュートン的宇宙観は、星や銀河が無限に続くとするもので、それ自体、矛盾であることが指摘されていた。

仮に宇宙が無限のかなたまでひろがっていて、その中に星や銀河が散らばっているとすると、宇宙のどの方角を見ても、いずれは星にぶつかることになる。そうすると、全天くまなく星に囲まれて、夜空はいつもぎらぎらとまぶしく輝いていなければならない。だが現実にはそうなっていない。

これは有名な「オルバースのパラドックス」（図表1）であるが、他にも、次のような「ゼーリガーのパラドックス」が指摘されていた。

図表１　オルバースのパラドックス

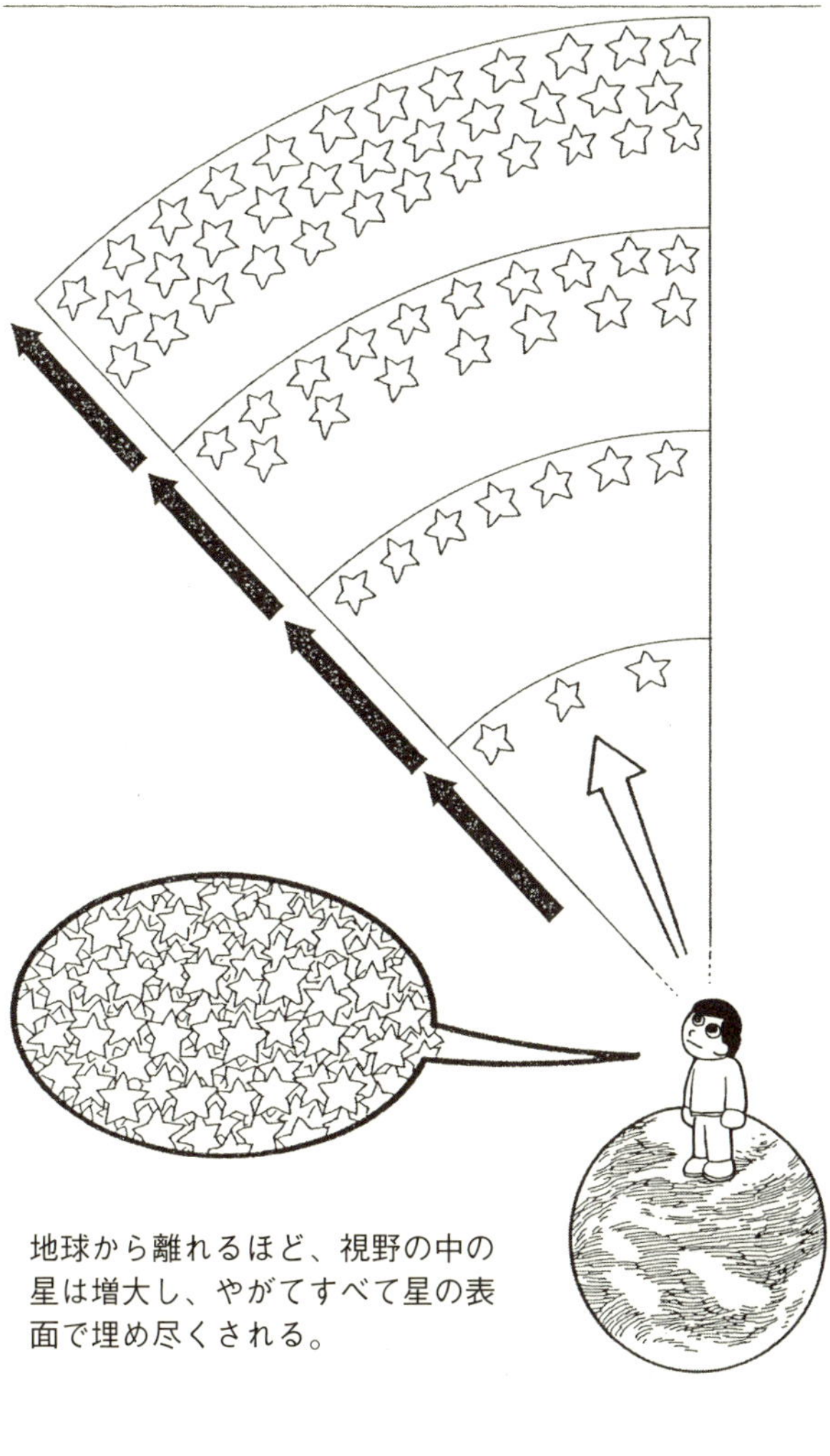

地球から離れるほど、視野の中の
星は増大し、やがてすべて星の表
面で埋め尽くされる。

もし、この宇宙が本当に無限大ならば、宇宙のどの一点を中心にしても、そこから半径無限大の球をつくることができる。当然その中には無限大の質量が含まれるから、球の表面における重力も無限大になる。球の中心は宇宙のどこにでも任意に定められるから、結局、この宇宙はどこも重力が無限大でなければならない。

この「ゼーリガーのパラドックス」は難問であった。万有引力の法則によれば、互いの引き合う力は距離の二乗に反比例し、互いの質量の積に比例するから、宇宙が無限大では、そこに含まれる質量も無限大となり、宇宙は引き付け合って密着し、つぶれてしまい、今のようには存在できないことになってしまう。

閉じた、有限の宇宙

そうした矛盾もあり、アインシュタインの想定した宇宙は、いわゆる「閉じた、有限の、静的な宇宙」であった。どういうものかというと、宇宙は無限に広がっているわけではなく、宇宙の時空全体が宇宙自身のもつ物質の重力によって、あらゆる方向に湾曲し、その形で静的に安定している、「有限の広がりを持つが境界をもたない」という宇宙像であった。

これは重力によって光が曲がると言ってもよいが、こうした「閉じた、有限の宇宙」がアインシュタインの最初に想定した宇宙であった。

さて、アインシュタインがこうした想定で「重力場の方程式」を解こうとすると、どんなに計算しても、宇宙は互いの天体の重力によって収縮し、つぶれてしまうという結果になってしまった。そこで彼は、収縮する重力とうまく釣り合いをとるために、計算式に、物質同士を反発させる特別の定数「万有斥力＝宇宙項ラムダ」を導入した。この補正は不本意なものであったが、宇宙を静的な状態に保つためにはやむを得ないと判断したわけである。

フリードマンの膨張宇宙論

アインシュタインが静止宇宙モデルを発表して以来、多くの研究者が一般相対性理論にもとづいて宇宙の研究を行なった。そのなかでもフリードマン（１８８８〜１９２５）の研究成果は、その後の宇宙論に重大な影響を与えるものとなった。

フリードマンは、そもそも静止した宇宙という前提に誤りがあると考えた。重力と斥力が全宇宙の広がりにわたって完全に均衡した微妙なバランスが、永遠に保たれるなどありうるだろうか？　大体、宇宙はそもそもどうやって生まれて現在の安定状態になったのだろうか？

宇宙に始まりがあったと考えると、過去から現在まで永遠に静的安定状態にあるとは考えにくい。そこで、フリードマンは「物質の分布密度が永遠に不変である」という前提を捨て、アインシュタインが宇宙を静止させるために導入した宇宙項ラムダを入れない、もとの「重力場の方程式」の解に取り組んだ。

フリードマンが宇宙の物質の質量をいろいろと変えて計算してみると、驚くべきことに、アインシュタインとは異なるタイプの解を発見した。

それは、宇宙の全質量がある一定値より小さいと、宇宙は限りなく膨張を続ける（開いた宇宙）。一方、宇宙の全質量がある一定値より大きい場合には、あるところまで膨張した後、収縮に転じ、これを繰り返す（閉じた宇宙）という内容であった。

前者はさらに、一様に膨張するタイプと、しだいに膨張スピードを速めるタイプに分けられた。

アインシュタインは当初、フリードマンの論文を批判したが、後日、その詳細な計算結果を目にして、自分の静止宇宙という前提が誤りだったことを認めることになる。

光の赤方偏移の発見

さて、フリードマンの論文発表から7年後の1929年、宇宙が静的でないという結論が単に計算上のことではなく、現実のものであるという重大な発見が、アメリカの天文学者エドウィン・ハッブルによってなされた。

ハッブルは、全天のあらゆる方向に見える銀河の光のスペクトルを分析した。その結果、大部分の銀河が赤方に偏移していることを発見したのである。同時に遠くの銀河の光ほど強い赤方偏移を示すことも発見した。

光を放つ光源が観測者から見て遠ざかっているとき、その光は波長が伸びて、本来の光より赤みがかって見える。これを光の赤方偏移という。一方、近づく光源から出た光の波長は圧縮されて、本来の光より青みがかって見える。これは光の青方偏移といい、こうした現象を「光のドップラー効果」という。

ドップラー効果とは、初めに「音」で証明された法則で、救急車や消防車がサイレンを鳴らしながら走ってゆく場合、近づいてくるときの音は、音の波長が圧縮されるから高音に聞こえ、遠ざかるときの音は波長が伸びるから低音に聞こえる。同じ音を出しているのに、音源が近づくか遠ざかるかで、人間の耳に聞こえる音の高低が違ってくる。その音の波長がどれだけ伸びたかを調べることで、音源が離れていく速度を知ることもできる。

光も音と同じく波の性質があるので、ドップラー効果と同じ現象が起きる。また光の波長がどれだけ伸びたかを調べれば、その光の遠ざかる速度――後退速度を知ることもできる。

ハッブルの発見した事実は、まさに「遠くの光ほど赤方に偏移する」というもので、遠くの銀河ほど、その距離に比例して速いスピードで遠ざかっている（ハッブルの法則）ことになるため、宇宙は膨張しているということになった。

ハッブルのこの発見は、一般相対性理論から導かれたフリードマンの予測どおり、宇宙自身が膨張していることをはっきりと裏付けるものとなった。

宇宙が膨張を続けているとすると、過去のある時期には宇宙は今よりずっと小さかったことになる。遠くの銀河の後退速度をはかることによって、過去には一点に重なり合っていた時期を逆算することができ、そこを始点として宇宙の年令を計算することもできる。

図表2　音のドップラー効果

音源が近づくときは、音波は圧縮されて高音となり、遠ざかるときには逆に引き伸ばされて低音となる。

（近づくとき）
（遠ざかるとき）

図表3　光のドップラー効果

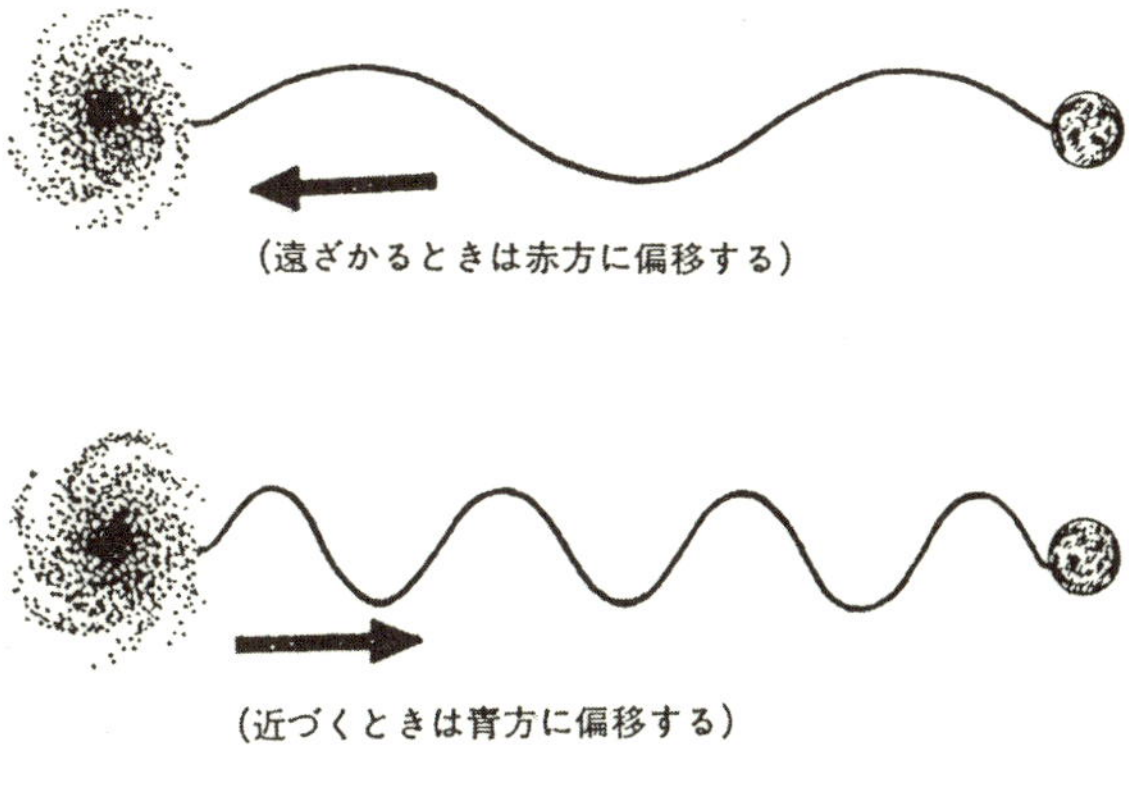
（遠ざかるときは赤方に偏移する）
（近づくときは青方に偏移する）

それによれば、現在のところ宇宙の年令は100億年から200億年（最近の、より厳密な説では139億年）と推定されている。

ビッグバン宇宙論

ハッブルの発見を受け、「宇宙が膨張しているのであれば、宇宙は過去に行くほど高温、高密度だったはずであり、銀河も星も初めからあったのではなく、宇宙の成長・進化とともにできたに違いない」とする考えが生まれた。ジョージ・ガモフの仮説である。

ガモフは１９４８年、「宇宙はかつてイーレム（始原物質）とよばれる超高温、超高密度の塊として一点に集中しており、それがあるとき、核爆発のような大爆発を起こして宇宙の膨張が始まった」と提唱して、原始の大爆発を「ビッグバン」と呼んだ。

ガモフは自説の中で、のちにビッグバン理論を立証する有力な証拠となる、ある予言をしていた。それは、ビッグバンの大爆発のときに放たれた超高温の光の放射が、宇宙が大きくなり低温となった現在も、超低温のマイクロ波（電磁波）として宇宙全体に満ちているに違いないというものであった。

このマイクロ波は宇宙背景放射といい、物質が高温のときに出る放射で、かつて宇宙に

３０００度Ｋという高温の時代があった証拠だとされている。３０００度Ｋの放射は光であるが、宇宙がそれ以来膨張したために放射の波長が伸びて温度が下がっていく。それでも放射自体は決してなくなることはない。今なお、ビッグバンの余熱は宇宙に満ちていて、ガモフの計算によれば、放射の温度は絶対温度で6.5度（絶対温度０度はセ氏マイナス273度）とされた。

この宇宙背景放射は１９６５年、アメリカのペンジャスとウィルソンの二人によって偶然に発見された。二人は大陸間の衛星通信用のアンテナの雑音を消し去る作業中、どうしても消せない雑音として、宇宙のどの方向からも、どの時間帯においても、同じ強さで一様にやってくるマイクロ波に気づいたのである。

このマイクロ波は昼も夜も同じであり、年間を通じても同じであった。これは放射が太陽系の彼方から来ていること、さらには銀河さえも超えたところから来ているに違いないことを示していた。またこの放射の温度はガモフが予言したよりも低く、絶対温度３度——厳密には2.7度Ｋ——であることが確認された。

定常宇宙論の衰退

この宇宙背景放射の発見により、膨張宇宙論は「ビッグバン宇宙論」として学会の主流を占めることとなった。

それまではガモフの膨張宇宙論は「宇宙論の奇説」として、あまり相手にされておらず、定常宇宙論が主流だった。定常宇宙論とは「宇宙は誕生のときから膨張も収縮もせず、不変である」とする考えである。

定常宇宙論の考えは、ハッブルの発見によって宇宙が膨張していることが指摘されてからも、「宇宙が膨張していることは認める。だが膨張で薄まった分、絶えず真空から物質が湧き出して補充してくれる。それゆえ宇宙全体としては変化しない」とする宇宙論によって引き継がれ、依然として一定の勢力を保っていた。しかし宇宙背景放射が発見されてからは、定常宇宙論では宇宙背景放射を説明できないことが致命傷となり、衰退していった。

また、現在の宇宙の元素組成は、観測では7～8割の水素と2～3割のヘリウムから成る。この構成比が、ビッグバン宇宙論の提唱者ガモフが計算していた数値と一致することも、ビッグバン理論の信頼性を高める要因となった。

ガモフは、ビッグバンによる爆発から30分以内に、水素からウランにいたる92種類の天然元素のすべてができあがったと主張した。実際にはガモフの主張は誤りで、宇宙における重元素はすべて恒星内部で生まれたことが明らかとなっている。

ビッグバン理論への疑問

さて、以上の経緯で学会の主流を占めることになったビッグバン理論であるが、一方でビッグバン理論には当初からいくつかの大きな疑問のあることが指摘されてきた。それらを逐次、紹介すると——。


ビッグバンという大爆発の瞬間から139億年間も続いて膨張し続けるなど、通常の物理法則ではあり得ない。最初の爆発力だけで139億年たっても膨張のスピードが衰えないことを、ビッグバン理論ではどのように説明するのだろうか？

ビッグバンによる膨張宇宙は、最初に大爆発があって膨張を続けているとするもので、ちょうど花火のようなものである。実際、ビッグバン理論の出始めのころは、「花火宇宙論」といわれたほどである。

地球上で花火を爆発させれば、その外延の火の粉のスピードは数秒後にはすぐに失速する。それは空気抵抗があるからだが、空気のない宇宙においても減速要因となる抵抗物質は存在する。だから、いずれは失速するのは当然で、膨張宇宙論は明らかにこの原則に反している。

特に、ビッグバン理論の擁護者は、一様に「光さえも脱出できないほどの重力を示すブラックホール」を信ずるが、そのような重力による引力は、膨張宇宙にとって、明らかな抵抗要因のはずである。だが、このことは全く無視されている。

宇宙の膨張は気球にたとえられない

ビッグバン理論を信奉する学者は、宇宙の膨張の様子を、花火以外に、よく風船や気球の膨張にたとえる。このたとえも大いに問題がある。

というのは、ビッグバン理論では最初に大爆発があって宇宙が膨張しているとする。つまり爆発が先で、膨張は後である。これは爆発が先に来る花火とは似ているが、風船や気球とは全く逆である。風船や気球は最初にどんどん膨張したあと最後に爆発して終了する。

図表4　宇宙の膨張を風船にたとえる

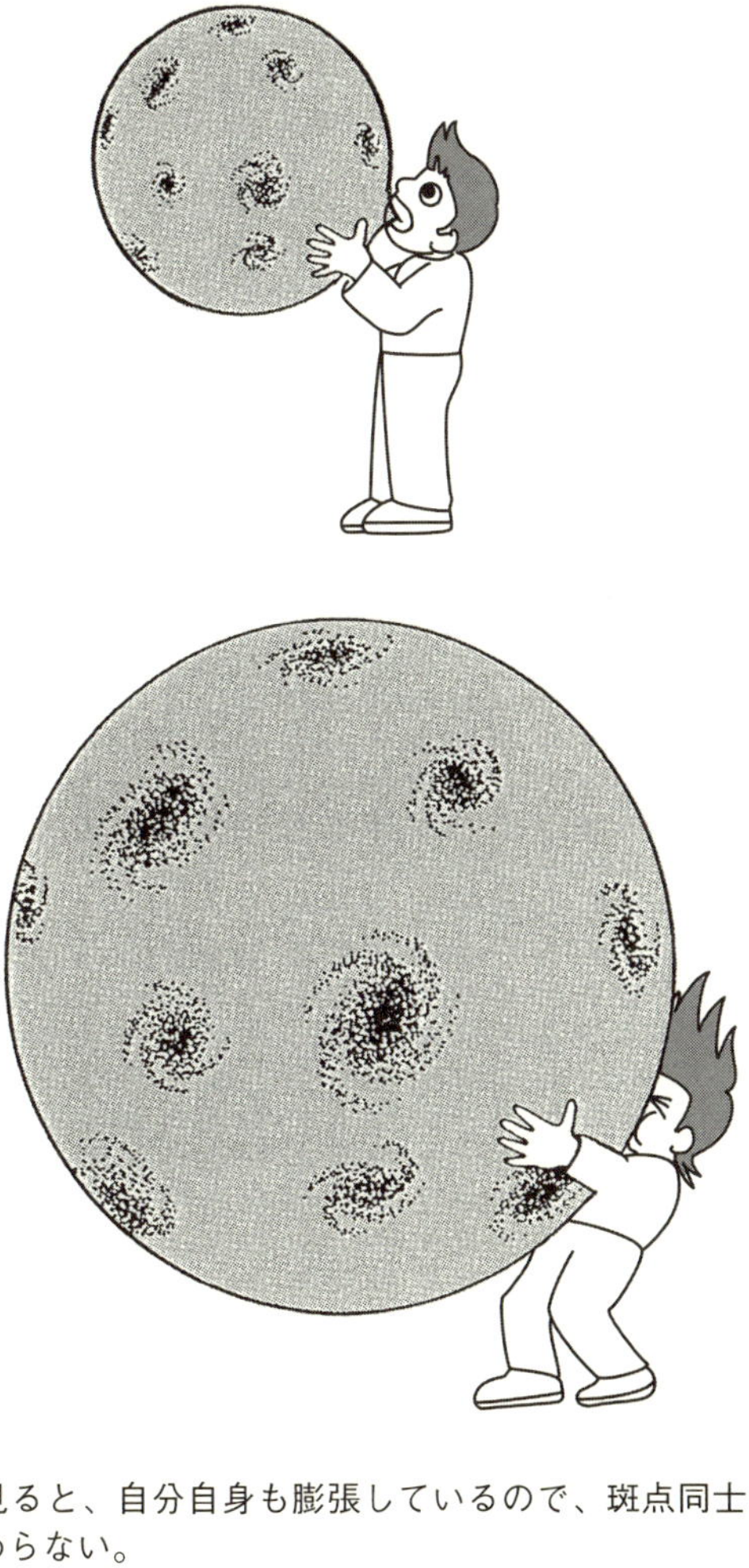

斑点から見ると、自分自身も膨張しているので、斑点同士の相対距離は何ら変わらない。

こうした根本的相違があるため、宇宙の膨張を風船や気球の膨張にたとえるのは明らかに無理があるが、百歩譲ってビッグバン論者の言い分を聞こう。

車椅子の天才物理学者スティーブン・ホーキング博士は、その著書『ホーキング、宇宙を語る』の中で次のように言う。

「…すべての銀河は互いに直接遠ざかるように運動している。この状況は表面にいくつかの斑点を描いた気球が、徐々にふくらんでいく場合にかなり似ている。気球が膨張するにつれて、どのふたつの斑点を取ってもその間の距離は増大していくが、膨張の中心だと主張できるような点はどこにもない。それればかりでなく、ふたつの点が離れていればいるほど、大きな速さで離れ去る」〈P68〜69〉

このように、代表的なビッグバン論者のホーキング博士は、膨張する宇宙を、気球の膨張にたとえている。しかし、われわれは気球の表面に描かれた斑点のような二次的存在ではなく、立体的な、三次元の存在である。だから、宇宙の膨張の状態を気球や風船の膨張にたとえること自体、間違っている。

またホーキング博士は「すべての銀河は互いに直接遠ざかるように運動している。この状況は表面にいくつかの斑点を描いた気球が徐々にふくらんでいく場合にかなり似ている。…ふたつの斑点が離れていればいるほど、大きな速さで離れ去る」としているが、これも全く誤りである。

なぜなら、気球が膨張するにつれ、気球の表面の斑点も膨張する。このため膨らんでゆく気球表面のどのふたつの斑点をとっても相対距離は変わらず、互いの距離が離れているほど大きな速さで離れ去る、ということには決してならない。つまり、気球膨張や風船膨張のケースでは「光の赤方偏移」は絶対に起こらない。

このことは、プラモデルの列車が乗員ごと膨張して、原寸大の列車になることを考えていただければわかりやすい。列車とともに乗員も膨張するから、乗員から見た列車の相対距離は変わらないのである。

宇宙の膨張をブドウパンの膨張にたとえる場合も、風船と同じような欠点を持つ。

さらに、風船や気球、ブドウパンは外部からの熱やガスの供給を内部に閉じ込めておける。だから外部から熱やガスを与えられれば風船やパンは膨張する。

一方、宇宙には膨張のために外部から熱やガスを供給するものはいない。また供給されたとして、それらが漏れないよう、宇宙外部と遮断する膜のようなものはない。それゆえ宇宙の膨張を風船や気球、ブドウパンにたとえること自体、無理があるのだ。

最初に述べたが、ビッグバン理論では始めに爆発があって膨張しているとする。これは爆発が後に来る風船や気球、ブドウパンなどにたとえるわけにいかず、ただ花火にたとえることが唯一可能である。だが、花火には必ず爆発の中心があるし、その膨張は数秒で終わる。最初の爆発のみで140億年近くも膨張し続けるなど「物理学的に不可能」なのである。

ビッグバン論者は、この指摘に対してどう答えるのだろうか?

矛盾だらけの特異点理論

続いて、そもそも、なぜビッグバンが起こったのかという根本的疑問がある。

遠くの光ほど赤方に偏移するという現象は、宇宙が膨張しているという結論を導き出した。このため、宇宙はかつて超高温、超高密度の固まりとして一点に集中しており、それがあるとき、大爆発を起こして宇宙の膨張が始まったとする。

にわかにはとても信じがたい話だが、この超高温、超高密度の「特異点」については、次のような重大な疑問がある。

①宇宙の始まりは、無限大の温度、無限大の密度の特異点であったという。「無限」というものは物理的に存在し得ないが、そのことをどう考えるか？
②超ミクロ宇宙である特異点は重力で圧縮されていたというが、重力にそんな力があるのか？
③特異点はどこから現われたのか？
④特異点は、なぜ突然、爆発したのか？

これらの疑問は、ビッグバン理論が語られて以来、その正当性を疑う最も重大かつ深刻な疑問であるが、依然としてビッグバン論者から説得力ある説明は為されていない。それはビッグバン理論が学会の主流を占めることになった今日においても、似たような状況である。

日本の代表的なビッグバン論者である東京大学大学院教授の佐藤勝彦氏によれば、「宇宙の始まりの特異点は、無限大の温度、無限大の密度、無限大の重力かつ無限小の体積で、このような特異点では、アインシュタインの一般相対性理論をはじめ、あらゆる物理法則が破綻してしまう。そこから宇宙が始まるということは、いわば『神の最初の一撃』によって宇宙が創生されることを認めるようなもの」（『宇宙96％の謎』、実業之日本社Ｐ22）だという。

このように、ビッグバン論者自身が、宇宙の始まりの特異点を、物理学的に成り立たない、存在できないものと自ら認めている。実際、ビッグバン理論によれば、宇宙の始まりの特異点は、１㎝よりはるかに小さく、素粒子の大きさにも満たない10^{-34}㎝以下（宇宙開闢１秒後で１㎝）で、温度は10^{29}度Ｃ（100兆度Ｃの100兆倍）をさらに超える高温であったという。

そんな小さい、超高温の所にすべてが押し込められていたなど、想像することさえ難しい。一体どうやって押し込められていたのか？

高温で燃え尽きてしまわなかったのか？

これが第１の疑問である。

次に、どうやって宇宙のすべてが無限小の特異点に押し込められていたかというと、ビッグバン論者は、「重力の力で圧縮されていた」とする。

だが後述するように、重力とは「見かけの力」である。見かけの力とは「見せかけの力」

であり、宇宙空間において、巨大な物質を圧縮する力などまったくない。

その証拠に、宇宙は無重力の空間である。無重力の空間とは、重力の力のまったく働かない空間という意味である。その無重力空間において、宇宙のすべての物質が重力の力で特異点に押し込められていたというのは、論理矛盾もはなはだしい。ありえない空想の理論で、ビッグバン論者は、この指摘にどう答えるのか？

第３に、特異点はどこから現れたのか、というのも大きな疑問である。

前出のホーキング博士や佐藤勝彦氏によれば、地球も太陽もすべての銀河も押し込められた特異点は、「時間、空間、物質の全くない『無』の状態から、量子論的なトンネル効果によって生まれた」とする。

無とは、一般的には時間も空間もエネルギーもない状態だが、量子論では、無の状態においても時間や空間が正確にゼロであり続けることはできず、常にゆらいでいる（不確定性原理）とする。そのゆらぎの中から超ミクロの宇宙が突然生まれたという。

まことにびっくりするような仮説だが、もし本気で無から全宇宙の詰まった超ミクロの特異点宇宙が出現したというなら、そのための「必要かつ充分な条件」を示してもらいたい。同時にその条件を整え、「無」から特異点宇宙の出現の様子を実験で示してもらいたいものである。

かつて〈定常宇宙論〉が語られたときは、「宇宙が膨張で薄まった分、絶えず真空から物質が湧き出して補充されるため、宇宙全体としては変化しない」という内容だった。だが、何もない真空からポッと物質が湧いて出るというのは、明らかに「エネルギー保存の法則」に反するし、一般的にも真空から物質の生成を裏付けるようなデータは、これまでのところ全く存在しないとして批判された。それと同じ批判が、否、それ以上の批判が、「無から全宇宙の詰まった超ミクロ宇宙が創造された」という理論には当てはまる。

「量子論的なトンネル効果で『無』から宇宙の種となる特異点が創造された」

これが事実なら、今でも宇宙のどこかで、トンネル効果によって宇宙の固まりが創造されているはずである。だが、そんな報告はゼロであるし、そもそも「無から有は生じない」。したがって139億年前に「無」から宇宙が生まれたのだという話は、どのように量子論やトンネル効果を持ち出そうとも、想像だけのつくり話、ウソなのである。

宇宙の始まりの特異点に対する第4の疑問として、超ミクロ宇宙である特異点は、なぜ突然、爆発したのか？　というものがある。

超ミクロ宇宙の特異点は、もともとは重力の力によって強力に圧縮されていたという。それが今度は重力の力を無視して、突然、爆発して膨張しだすというのは、どういう力によるものなのか？

特異点やブラックホールの形成については「重力によって光さえも脱出できない」といい、ビッグバンについては「重力を無視して爆発し、ほぼ無限の膨張を続ける」というのは明らかな矛盾である。

また、その超ミクロ宇宙が爆発して膨張し、地球や金星、土星となり、太陽系を形づくって太陽のまわりを回るようになった。そして、その後も相変わらず膨張し続けているというのも、あまりにも現実を無視した奇想天外な理論である。

地球を含む太陽系は、歴史に記されたここ何千年を見ても、膨張などまったくしていない。ビッグバン理論の膨張宇宙からは、太陽系は除外されているのだろうか？

もしそんなことで地球や太陽などが創造され、現在も膨張を続けているというなら、その100万分の１の模型でもつくって示してもらいたい。

実験室で何ひとつ再現できない矛盾だらけの理論なのに、次々と仮説だけは安易に積み重ねる。その閉鎖的・権威主義的態度は、科学とはかけ離れている。

ビッグバン論者がどのような理屈を持ち出そうと、無の状態から偶然や自然発生で、宇宙のすべてが詰まった超ミクロ宇宙の特異点をつくることなど全く不可能である。さらに、それを自然に爆発させて残骸を宙に浮かせ、地球を含む太陽系のように、独自かつ体系的に回転し続ける星々をつくることももちろん不可能であることは誰の目にもわかる、当たり前のことなのである。

3K放射の問題点

さて、ビッグバン宇宙論に市民権を与え、現代宇宙論の通説とさせたのは、3度Kの宇宙背景放射の力が大きい。

3K放射が発見されるまでは、ビッグバン宇宙論について批判的な見解が多く、専門家の間でも信じる人、信じない人が半々であった。ところが、1965年に、宇宙のあらゆる方向から来る3度Kのマイクロ波が発見されたことで、専門家の間でビッグバン宇宙論の支持者が90%以上にまで増えた。つまり3K放射こそがビッグバン理論を補強する重大な証拠だとされているのだから、これについても検討を加えたい。

図表5　３Ｋ〈背景〉放射とは

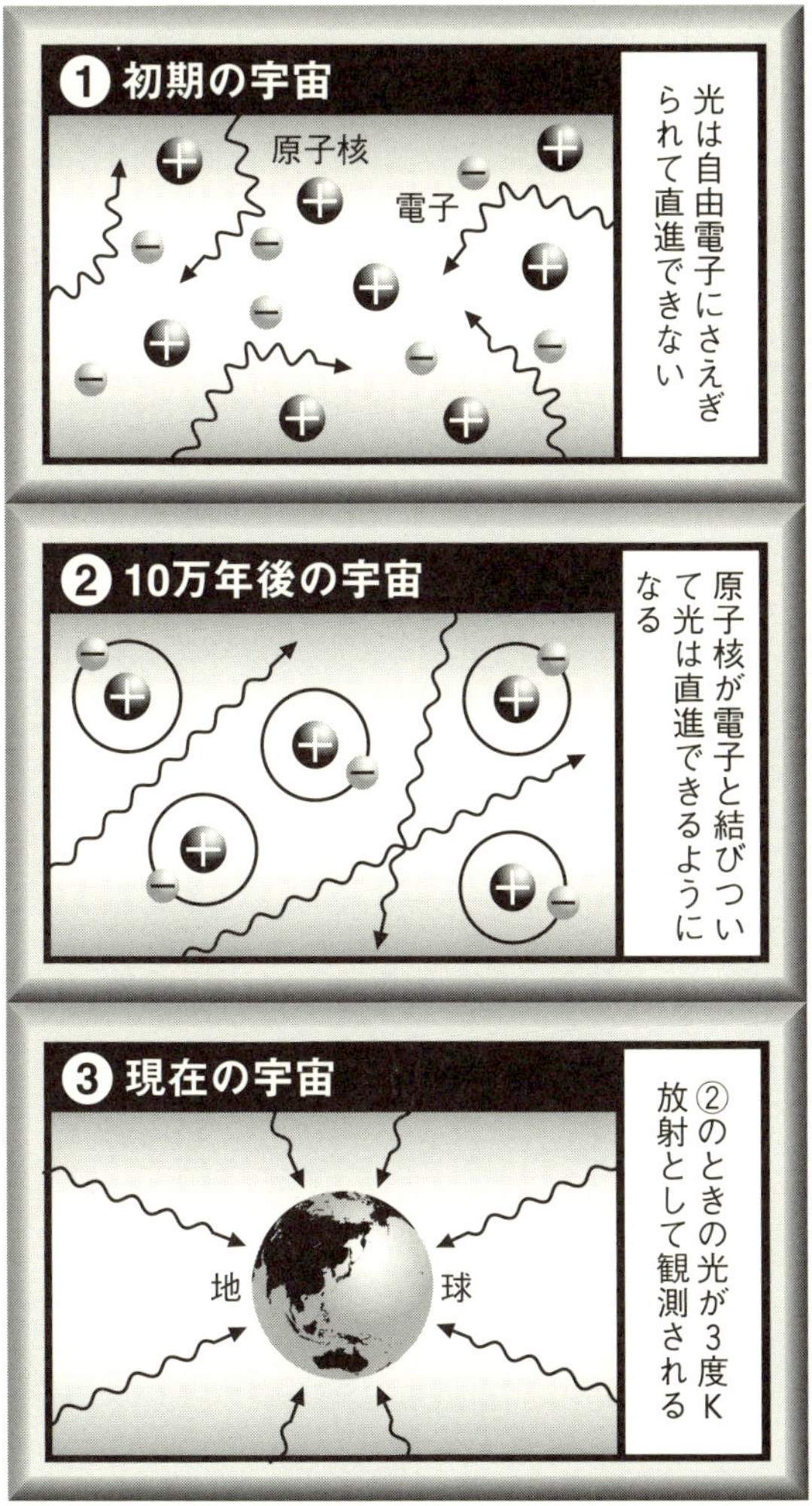
①初期の宇宙
原子核
電子
光は自由電子にさえぎられて直進できない
②10万年後の宇宙
原子核が電子と結びついて光は直進できるようになる
③現在の宇宙
地
球
②のときの光が3度K放射として観測される

まずは宇宙背景放射の意味であるが、これは別名、宇宙黒体放射と言う。黒体放射とは、放射体の物質と温度が等しい放射のことであり、３Ｋ黒体放射とは、放射も物質もともに3度Ｋ（セ氏マイナス270度）でなければならない。

では宇宙は3度Ｋで一様かというと、全くそんなことはない。宇宙にはＸ線を出すほど高温の銀河団ガスがあり、太陽などのように熱い星もあり、冷たい星間物質もある。つまり宇宙の温度はまだらのはずである。

このように、宇宙の全方向にわたる一様な黒体放射など存在するはずは無いのだが、観測の結果はまったく逆である。１９８９年にＮＡＳＡによって打ち上げられた宇宙背景放射探査衛星〈ＣＯＢＥ〉で測られた背景放射は、黒体放射に特有のプランク分布に寸分の狂いもなくピタリと一致していた。

重力によって星や銀河が形成されたとの理論にしたがえば、最近、次々と発見されているグレート・ウォールやスーパークラスターなどの宇宙の大規模構造をつくるには相当のエネルギーが必要である。

探査衛星の観測結果は、そのような大きなエネルギーの存在を完璧に否定した。放射が冷たすぎて、139億年のうちに現在までに発見済みの大規模構造をつくるほどのエネルギーは、存在しないことが明らかとなったのである。

探査衛星で確認された背景放射の一様な滑らかさも、滑らか過ぎて、ビッグバン説にとって、かえってマイナスとされる。

ビッグバン理論では、背景放射のムラは、初期宇宙の中にあって、後に銀河に成長する物質の種を反映した「ゆらぎ」である、とみなされてきた。ゆらぎが重力によって集中してコブとなり、やがて銀河や銀河群に成長したというわけである。

しかし、観測されたゆらぎ（ムラ）は、10万分の1とほんのわずかなものだった。波にたとえるなら、深さ1000メートルの海に、たった1センチのさざ波が立っているというものである。これではあまりにも小さく、宇宙の大規模構造をつくるのに1000〜2000億年はかかってしまう。

このため、すでに確認されている星々のほかに、未発見の、はるかに大量の重力を持つ物質でもないかぎり、ビッグバン理論は成り立たないとされている。

その未発見の物質として「ダークマター、全宇宙の96%を占めるという暗黒物質」が考えられているが、そのようなものは存在しないと明言してよい。ビッグバン論者は、宇宙が無重力の空間だということを忘れている。宇宙は、どのような重力も引力も働かない無重力の空間である。それゆえ、仮に３Ｋ放射に充分なムラがあったとしても、それが重力で寄り集まって銀河や星になることは永遠にないのである。

また、３Ｋ放射は、宇宙開始後の「晴れ上がりの一瞬に放射された光の余熱」だとされる。それなら温度は次第に低下して周囲に同化し、やがて放射の余熱は、数日か数ヶ月、長くても数年で消えるはずである。だが、観測以来、温度は変わらずに一定で続いている。今後も2.7度Ｋの一定温度として、消えずに永遠に続くと予想されるが、このことをどう説明するのか？

さらに、３Ｋ放射がビッグバンの名残だとすると、爆発地点がどの方向にあったかによって、地球に届く放射の波長と強さにムラができるはずである。つまり爆発地点に近い側からの放射は波長が短く、反対側の波長は長くなるはずである。だが、地球に届く３Ｋ放射は、あらゆる方向で一様である。これは、地球が特異点爆発の中心地点だったことを意味することになるが、このことはどう説明するのか？

このように、宇宙背景放射も根本的矛盾を抱えている。結局のところ、３Ｋ放射も、ビッグバンとは全く別の原因で生じていると認識すべきなのである。

欠陥明らかなインフレーション理論

さて、ビッグバン理論への疑問はまだ続く。その中で、古くからある疑問として、「宇宙はなぜこれほどまでに一様なのか」という一様性問題と、「宇宙はなぜどこまでも平坦に続いているのか」という平坦性問題がある。

先の３Ｋ放射などは、宇宙の全方向から一様に来るという意味で、一様性の典型であるし、宇宙の一番遠くにあって強力な光を発するクエーサーという星は、180度反対方向にも全く同じような星がある。こうした一様性は何故生ずるのか？

また、光の赤方偏移の度合いを分析すると、宇宙はほぼ正確に距離に比例して直線的に膨張している。こうしたことが起こる確率は10^{-56}の精度であり、確率的にありえない。それでも遠方の天体の後退速度は、どこまで行っても直線的で平坦であるが、それは何故なのだろうか？

この一様性問題と平坦性問題を同時に解決したとされるのが、インフレーション宇宙論である。目下、ビッグバン支持派の中でも主流派を形成しているが、この理論こそ欺瞞的で大いに問題がある。

インフレーション宇宙論とは、ビッグバン以来、宇宙の膨張速度は一定でなく、3段階に速度を変えて膨張してきたとするもので、物価の上昇であるインフレになぞらえて命名された。

インフレーション理論の典型的なモデルによれば、宇宙はまず、当初の始まりのときにはゆっくり膨張した。これにより宇宙全体は一様に混ぜ合わされ、均質となり、全体に等しく情報伝達をすることが出来た。

その後、ビッグバン開始の10^{-36}秒のときから10^{-34}秒のときまで、宇宙は一気に光より速く、10^{50}倍にも膨れ上がり、宇宙内部の情報伝達は没交渉となった。最初のゆっくりした膨張のときに均質化された部分が一気に拡大されたから、宇宙全体が均質・一様になったとする。

また、急激な膨張だから直線的な膨張で、平坦な宇宙になった。その後、インフレーションは終わって、現在観測される膨張速度になったと説明する。

この理論は、現代の主流派であるから、詳細に紹介して批判を加えてもよいのだが、あ

図表６　インフレーション宇宙論

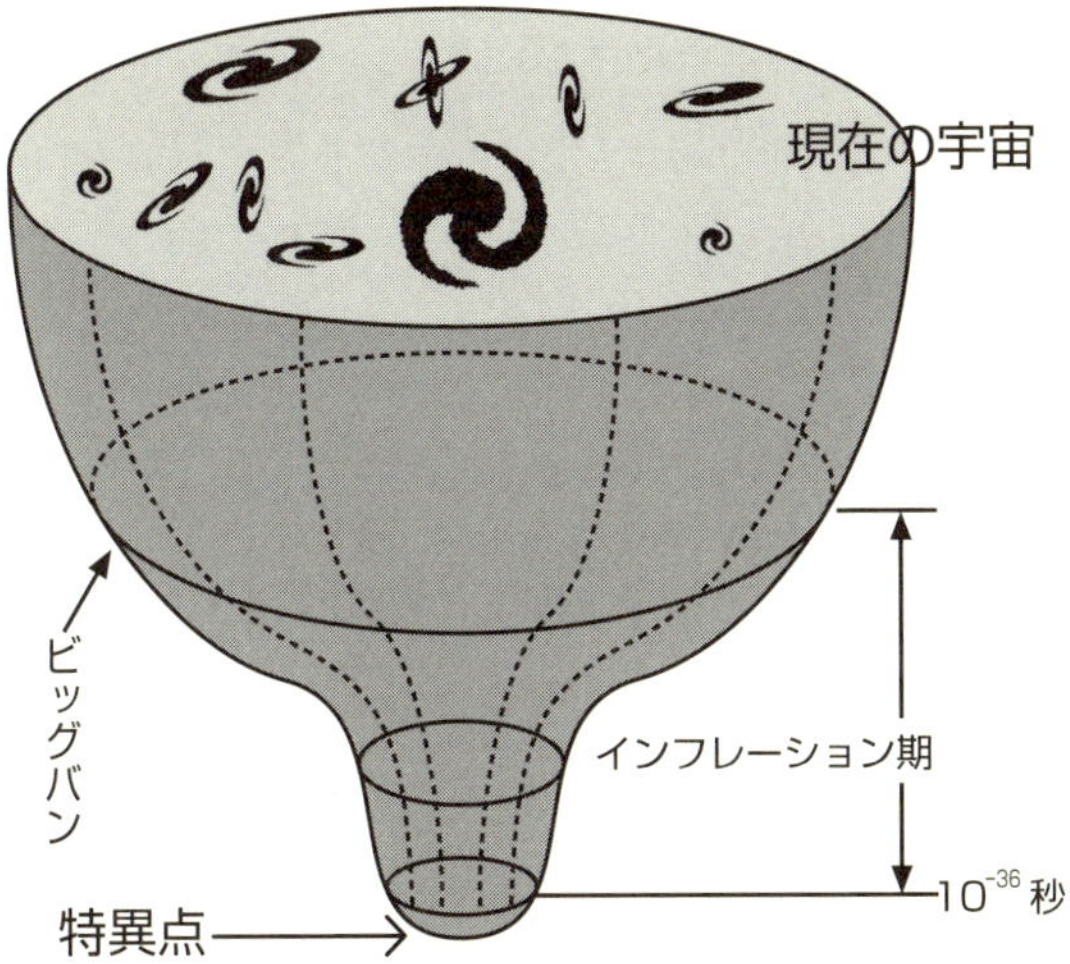

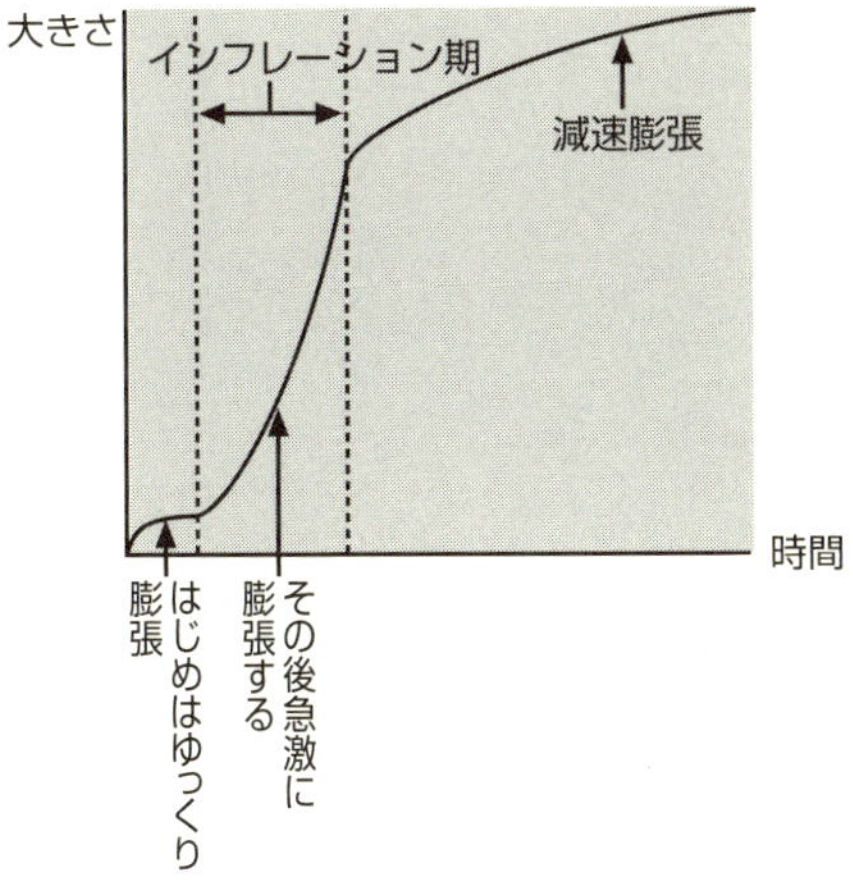

まりにも難解で、実証されていない仮説の上に仮説を重ねている。

そのうえ、当初のインフレーション理論は明らかな欠陥が指摘され、次から次へと改訂版の理論が出たのだが、それらさえも矛盾が指摘されている状況である。

したがって、ここではインフレーション理論の根本的問題点を指摘するだけにしておきたい。理論の詳細に興味のある方は各種の宇宙本で直接ご覧いただきたい。

また、以下の指摘が難解だと感ずる方は、飛ばして読んでもらっても一向に構わない。所詮インフレーション理論は、ビッグバン理論が誤りだとなれば、ともに消えて無くなる理論なのだから…。

それでは、インフレーション理論の何が問題かというと——。

① 宇宙でなぜ急激な膨張が起こったかという問題について、1981年に世界で初めてインフレーション理論を提唱した東大の佐藤勝彦教授によれば、「宇宙開闢の頃、真空のエネルギーに働く宇宙斥力（ふたつの物体でお互いにしりぞけ合うように働く力のこと、膨張力）により、加速度的に急激な膨張を起こした。その急激な膨張の終わるとき、真空のエネルギーが熱エネルギーとして開放され、今日の火の玉エネルギーとなった」とする。

真空のエネルギーに働く宇宙斥力とは奇怪な話だが、初期の宇宙においては、真空が非常な高エネルギーの場を内蔵していて、「一見空っぽ、実はエネルギーに満ちている」という意味で偽りの真空だったというのだ。宇宙の温度がある一定温度より下がり、この偽りの真空の中に「真の真空」の泡が生じ、そのため急激に膨張して真空の相転移が進んでいったとする。

相転移とは、水が氷になったり、水が水蒸気になったり、温度を変えると物質の相が突然、固体、液体、気体と変わることをいうが、提唱者によれば、「真空にも相転移がある。宇宙の初期には何度も相転移が起こったのだ」とする。

佐藤教授が思いついたのは、この真空の相転移がしかるべきときになっても起こらず、宇宙の膨張と冷却がそのまま続いたという想定であった。そのために宇宙は爆発的に膨張したのだと結論付けたのである。

まことに難解な理論だが、これらの主張は、偽りの真空のエネルギーや真空の相転移、真空の泡の膨張など、どれひとつとっても実験で確認したり、現実に証明されたということは一切ない。

インフレーション理論の信奉者は、こうした実証できない理論を次々と思いつきで当てはめ、何の検証が得られなくとも、それらが宇宙の初めに実際に起こったのだと強弁する。いわば「実験科学からは程遠い空想仮説の積み重ね」で、ひとつのウソをつくと、そのつじつま合わせのために、またウソをつくのとよく似ている。

実際、佐藤教授自身、「宇宙の中で相転移が起こる」と日本の研究会で発表した初めの頃、素粒子を専門に扱っている複数の先生から次のように批判されたことを正直に認めている。

「真空の相転移は、統一理論をつくるための方便としてつくった理論で、一度、統一理論が出来てしまえば、そのタネ、道具として使った相転移は忘れていいのです。あなた方は真空が相転移を起こすようなイメージで宇宙に応用したりしているけれど、宇宙論屋さんの素粒子を知らないゆえの誤解ですよ」〈『宇宙96%の謎』P134〉

つまり、宇宙の始まりに真空の相転移によって爆発的に膨張したとするインフレーション理論は、その根本において、素粒子の専門家から見て、無知にもとづいた空想の理論だと批判されているのである。

インフレーション理論がウソである証拠に、真空には膨張力は全く無く、逆に吸引力の強いことが知られている。17世紀にドイツのマグデブルグで行われた実験であるが、直径40センチほどの金属製の半球を合わせて球にし、中の空気を抜いて真空にする。すると、ふたつの半球はぴったりくっついて離れなくなる。この吸引力は想像以上に強く、左右から8頭ずつの馬で引っ張ってようやく引き離すことができたという。

これを「マグデブルグの半球実験」というが、「真空の斥力（膨張力）」を主張するインフレーション理論信奉者は、これらのキチンとした真空実験を踏まえて仮説をつくってほしいものである。

② インフレーション理論では、宇宙が一気に10^{50}倍にまで急激に膨張・拡大したとする。これは電子1個が次の瞬間、直径約1０００京光年――この宇宙の果てまでの距離の5億倍強――まで拡大したのと同じである。

つまり、宇宙開闢当初は光速の限界をはるかに超えるスピードで膨張したとする、驚くべき理論である。

だが、この宇宙に光速を超えるものはないというのが理論の前提のはずである。時空そのものが全体に膨張するといっても、いろいろな宇宙物質や星間ガスも含めて膨張するわけだから、それらは光速近くになれば限りなく重さが増すために、減速される。

物質ゼロ、質量ゼロの空間だけが急速に膨張するのだというのは明らかな詭弁で、意味のない膨張である。それゆえ光速を超えたインフレーションなど起こる余地はないのに、それを前提としているのは明らかに誤りである。

③　佐藤教授らが提唱した最初のインフレーション理論は、偽りの真空の大膨張に真の真空の泡が追いつくことができないため、偽りの真空から開放されたエネルギーが非常に片寄って、宇宙の均一性が失われてしまうという欠陥が指摘された。

そのため次々と改定案が出されたが、最終的な案は、「真空の相転移の進み方の変数を変えることによって、対称性の敗れた真の真空の泡そのものが偽りの真空とともに大膨張を起こし、われわれの観測可能な宇宙が、ただ1個の真の真空の泡の中に飲み込まれてしまった。これならば当初のインフレーションモデルが持っていた欠点を克服できる」というものである。

だが、真の真空の相転移の進み方を、変数をいじって任意に変えるとは、そんなに簡単に調整可能なのだろうか？　一体、そうした細かい調整を宇宙の中で誰がやるというのだろうか。

また、全宇宙がひとつの真空の泡の中にあるなど、それこそ天地がひっくり返ってもありえない話である。われわれ人類も真空の泡の中で地球に住み、それでいて真空ではなく空気を吸っているというのでは、屁理屈にもなっていない。

④　現代の天体観測技術は大きく進み、次々と宇宙の大規模構造が明らかとなっているが、それらは全く一様ではない。

たとえば、銀河は数十個から数百個集まって銀河群や銀河団という集団をつくり、その銀河群や銀河団も数十個連なって超銀河団をつくっている。

それまで、銀河団以上のスケールの集まりは、宇宙空間に一様に存在していると考えられていた。しかし１９８１年になって、直径約２億６千万光年の範囲にわたって銀河が存在しない領域「ボイド（空洞）」が発見された。さらに並行して調査した結果、宇宙は銀河が集中した超銀河団と、銀河がほとんど無いボイドが複雑に入り組んだ、泡のような構造になっていることがわかってきた。

また、１９８９年から１９９４年にかけては、銀河の泡の膜のつながりが北天中心に５

億光年ほどもあるグレート・ウォールや、それによく似た南天中心のサザン・ウォールが発見された。

そして1990年には、巨大構造の極めつけが発見される。カリフォルニア大学サンタクルス校のデヴィッド・クーを中心とする国際チームが、われわれの銀河の南極と北極方向の宇宙を非常に奥深くまで調べた結果、銀河は4億光年の間隔で、少なくとも14層にわたって等間隔で並んでいた。

これらの大規模構造は、インフレーション理論など、従来の理論をもってしては全く説明不可能なスケールのものである。仮にビッグバンから物質の固まりができ、それが重力の引力で大きくなったとしても、宇宙の大規模構造をつくるには、少なくとも1500億年はかかるとされている。

インフレーション理論は、宇宙背景放射などの一様性と、宇宙の平坦性を説明するために提唱されたが、このように、次々と根本的欠陥が明らかとなっている。特に、一様性とは全く相反する宇宙の大規模構造が発見されるに及んで、インフレーション理論は、仮説としても捨て去られる運命にあるといえよう。

それは同時に、ビッグバン理論の死期をも意味する。なぜなら、標準的なビッグバン理論ではどうやっても宇宙の一様性や平坦性が説明できないために、インフレーション理論が考え出されたからで、そのインフレーション理論が次々に欠陥を露呈し、特に、一様性と対立する宇宙の大規模構造がまったく説明できないということは、そもそもビッグバン宇宙論が誤り、錯覚だったということになる。

あるビッグバン理論の支持者はこう言った。

「ビッグバンにたくさん問題があることはわかっている。でも対案がなくちゃ、それにしがみついているしかないじゃないか」

――時代はビッグバン理論に代わる対案を求めている。

第2章
アインシュタインの誤り

量子宇宙論は付録的理論

ビッグバン理論への批判的見解も、相当に展開させていただいた。ビッグバン理論正当化の根拠としては、あとはヘリウムなどの存在比があるが、①ガモフの予測した元素構成比は、重元素を含め、全体としては誤っていたこと、②ガモフは中性子を元素形成の出発点と誤認したこと――中性子は分裂すると電子と陽子が発生する。ゆえに元素形成の出発点は電子と陽電子あるいは陽子とされるべきである。③さらにガモフが新説を発表する前の1940年代半ばには、星とガス雲のスペクトルの研究から、宇宙は水素とヘリウムがほとんどであるとすでに知られており、ガモフはその数値に計算結果を合わせて発表したに過ぎないこと――を考えると、ヘリウムの存在比はビッグバン理論の中で重要な位置を占めているわけではなく、ビッグバン理論の傍証とするのも大いに問題がある。

そういう意味では、ビッグバン理論を今日まで支えてきたのは、光の赤方偏移と3K放射の発見、アインシュタインの一般相対性理論、さらにはホーキング博士らに代表される量子宇宙論、インフレーション理論であった。

これらのうち、まだ検討していないのは一般相対性理論である。

なお、ホーキング博士らの量子宇宙論は、ビッグバン理論と一般相対性理論を前提とした上で、それらを補完する理論である。宇宙の始まりの特異点は無から出た、などとするもので、それへの批判は、一部ではあるがすでに加えたし、そもそも量子宇宙論は、ビッグバン理論が崩れれば、うたかたのように消えて無くなる補完的・付録的理論である。そういう意味で、ホーキング博士らへの詳細な検討は省略させていただき、一般相対性理論を見ていきたい。

特に一般相対性理論は、ビッグバンのみならず現代天文学の基本理論となっている。他の宇宙論を展開する場合にも無視できない理論であることは間違いない。

一般相対性理論の役割

ビッグバン理論にとって、なぜアインシュタインの一般相対性理論が支えであったかというと、ビッグバン宇宙論は、彼の一般相対性理論を根拠とした「膨張し続ける、開いた宇宙」と、「膨張したあと収縮に転じ、これを繰り返す、閉じた宇宙」を前提として理解されてきたからである。

光の赤方偏移が宇宙の膨張を示す証拠だとして、その膨張が無限に続くものなのか、それともいずれ収縮に転ずるものなのかを、アインシュタインの理論は事前に明らかにした。つまりアインシュタインは、膨張する宇宙に理論的な根拠を与えたのである。

また、本書でビッグバン理論を紹介するにあたって、銀河やブラックホールを形成する力として、たびたび「重力」という言葉を使ってきた。これらは、すべてアインシュタインの一般相対性理論の中心である重力理論を前提とした言葉である。それほどにアインシュタインの理論は、これまでの20世紀の宇宙論において多数派・通説を形成してきたといってよい。

だが筆者の見る限り、他の特殊相対性理論などは別として、アインシュタインの重力理論こそ誤りの大元であり、ただ観測が偶然にアインシュタインの計算結果に一致してきたというにすぎない。したがって、真の宇宙の姿を理解するためにはアインシュタインの重力理論こそ破棄されるべきである、と、はっきり申し上げておきたい。

宇宙の重力理論としては、ニュートンが先行する。ニュートンは、地上でリンゴが落ちるのも、月が地球を回るのも引力のためであるとした。だが、ニュートン力学においては、遠く隔たったふたつの物体間になぜ引力が働くのか、何もない宇宙空間を引力がどのようにして伝わるのかについて問うことはせず、ただ結果として時間ゼロ、無限の速さで引力が伝わると考えていた。

引力が無限の速さで伝わるとすると、「何ものも光の速さは超えられない」とするアインシュタインの特殊相対性理論と矛盾する。そこでアインシュタインは、特殊相対性理論と矛盾しない重力理論として、一般相対性理論を書き上げた。

アインシュタインの有名な思考実験に「ワイヤが切れて落下するエレベータの中で、手に持っているリンゴを落とすとどうなるか？」というのがある。

正解は、ワイヤが切れるとエレベーターの箱も中の人間も、リンゴも、全く同じ加速度で落下を始める。

エレベーターの中にいる人間にとっては突然、自分の体重が消えてしまったように感じられ、身体は宙に浮いて落下するように感じるだろうし、手を離したリンゴも宙に浮いているように見える。ワイヤが切れたという知識が無ければ、自分やリンゴに働いていた地球の重力が突然、消えたように感じるだろう。

落下によって今までかかっていた下向きの重力が消滅して、加速度運動だけになる。つまり「重力と加速度は等しい」という結果が導き出される。このことを「等価原理」といい、アインシュタインの重力理論において重要な位置を占めてきた。

アインシュタインの予言

ここまではよいのだが、問題はそのあとである。アインシュタインは、この思考実験の結果を光にも応用する。

落下するエレベーターの一方の壁に電灯が取り付けてあるとする。そのスイッチを入れると、光は箱の中を進んで向かい側の壁に到達する。そのとき、光の軌跡はどうなるであろうか？

エレベーターの中で一緒に落下する人間から見れば、光の軌跡はあくまで直線である。だが、光が箱の中を横切るわずかな時間の間にもエレベーターは速度を上げつつ落下する。したがって外部の人間の目から見た場合、光は、向かい側の壁に達するまでの間に、わずかながら下向きにカーブしているように観測される、とアインシュタインは主張する。

図表7　エレベーターでの落下実験と光の曲がり

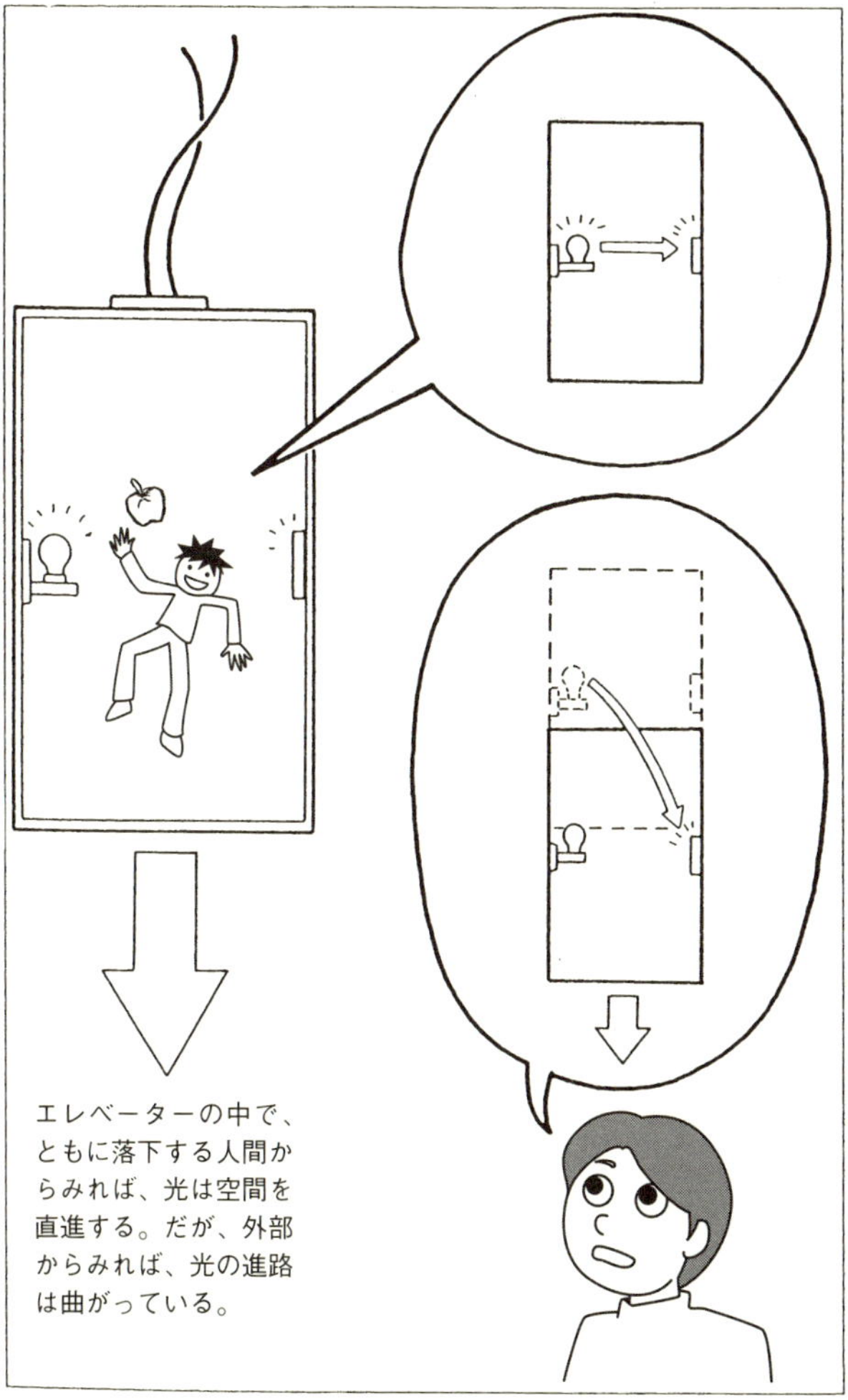
エレベーターの中で、ともに落下する人間からみれば、光は空間を直進する。だが、外部からみれば、光の進路は曲がっている。

光は必ず直進する、というのが物理学の常識である。だが、このように加速度、すなわち重力の働くところでは光の経路さえ曲がってしまうだろう。それは加速度＝重力が空間を曲げているからだとアインシュタインは考えた。

ニュートン物理学においては、重力とは、単に物体と物体の間に働く引力に過ぎなかった。この場合、万有引力と地球自転の遠心力の合力が重力である。だが、アインシュタインにおいては、重力は空間の性質を変えるほどの力を持つ。電気を帯びた物体の周囲に「電磁場」ができるのと同じく、質量を持った物体の周囲に「重力場」ができるとした。

重力場は空間の曲がりとして定義できる。より厳密には時間と空間が一体となった「時空」の曲がりとされるが、時空の広がりの中に大きな質量が置かれると、その周囲の時空は、あたかも重いものをのせられたゴムの膜のように窪みを生じる。重力を振り切って外へ出てゆこうとするものは、この窪みをよじ登らなければならない。

月が地球を回るのは地球の重力によってできた窪みに沿って月が回っているのだし、地球が太陽のまわりを回るのも、太陽の重力によってできた窪みに沿って地球が回っているとする。

アインシュタインは、こうした重力理論にもとづいて、ある予言をした。光が、太陽のように質量の大きな天体のそばを通ると、その重力によって時空が曲げられ、光の進路が変わってくる。彼は、太陽ほどの質量ではどれくらい光の進路が曲げられるかを具体的に計算した。それによると、太陽のすぐ近くを通ってくる遠方の星の光は、実際の位置から角度として1.75秒ずれて見える、という予言である。

この予言の検証は極めて困難であると思われた。なぜなら、太陽のぎりぎりそばを通る星の光の微妙な位置を測らなければならないからである。だが、それからわずか8年後の1919年、皆既日食の際、イギリスの観測隊によって、太陽周辺の5つの恒星が確かに本来の位置よりずれていることが確認された。これによってアインシュタインの理論は正しいものとして、全世界に一斉に喧伝されたのである。

アインシュタインの名を世界に知らしめたものとして、もうひとつ、水星の近日点移動がある。

水星は、太陽のまわりを楕円軌道を描いて88日で一周する。その楕円軌道の中で太陽に一番近づく場所を近日点という。完全な楕円軌道ならば近日点は一定だが、水星の軌道は少しずつずれて移動していく。その近日点の移動はニュートンの重力理論では説明できなかった。

一方、アインシュタインは、自分の導いた方程式によって太陽のまわりの重力場を求め、その中での水星の軌道を計算した。その結果、近日点の移動がピタリと合致し、一般相対性理論の正しさが見事に証明されたものとして世界的に評価されたのである。

光は重力では曲がらない

以上のふたつの出来事により、アインシュタインの名が世界に広まると同時に、「一般相対性理論は正しい」という評価が一気に定着した。

しかし、アインシュタインの理論を、もう一度よく考えていただきたい。

落下するエレベーターの中で発せられた電灯の光は、向かい側の壁に曲がって届くだろうか。

この実験はあくまで思考実験でありながら、太陽の近くを通る星の光がずれて見えたことで、すでに正しいものとの評価が定まっている。だが、この思考実験は明らかに間違っている。

光には「光速度一定の原則」というのがある。これは「光の直進性の原則」としてあらわれ、水中に入るところでは屈折して進むことはあるが、重力の力で光が曲がることは断じてない。

これをもっと詳細に見てみると、光を多数の細かい光線の束と考えた場合、光が曲がるとは、光の束の上側の部分と下側の部分とで速度が違うことによって全体として下向きに曲がるということになる。つまり、光が曲がるとは「光速度一定の原則」に反することを意味している。

もし光が、落下するエレベーターの中で曲がって進むのであれば、光は地球の重力によって引っ張られたことになる。光に重力が働いて曲がるためには、光にも質量が無ければならない。なぜなら、ニュートンやアインシュタインの重力方程式によれば、一方の質量がゼロでは引力は働かないからである。

ニュートンの引力方程式では、引力は互いの質量の積に比例し、距離の二乗に反比例する。アインシュタインにおいては、その式の分母のｒの2乗を2・000000016乗と、わずかに増やしたものと一致する。

つまり、ニュートンの式にしろアインシュタインの式にしろ、光の質量がゼロでは引力方程式の分子がゼロとなり、結果として互いの引力はゼロとなる。これでは、アインシュタインの言うように落下するエレベーターの中で光が曲がったり、太陽の重力によって光

図表８　光が曲がるとは？

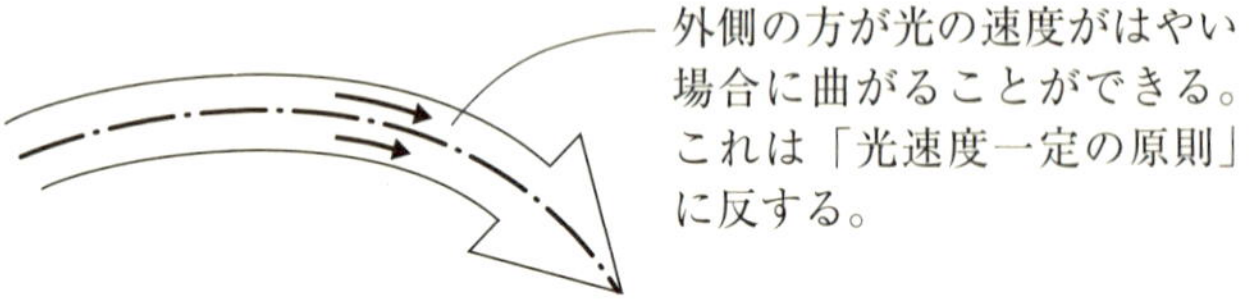
外側の方が光の速度がはやい
場合に曲がることができる。
これは「光速度一定の原則」
に反する。

図表９の１　ニュートンの万有引力の公式

$$F=\frac{m_1 m_2}{r^2}\times G$$

F ＝引力の大きさ
$m_1 m_2$ ＝ふたつの物体の質量
r ＝ふたつの物体間の距離
G ＝万有引力定数

図表９の２　ニュートンの式をアインシュタインの重力方程式に一致するように変換

$$F=\frac{m_1 m_2}{r^{2.00000016}}\times G$$

図表10　速度による質量の増加を示すアインシュタインの方程式

$$m=\frac{m_0}{\sqrt{1-\frac{v^2}{c^2}}}$$

m ＝速度vで動いている物体の質量
m_0＝静止している時の質量
c ＝光速度

が曲がることはありえない。このことから、重力によって光が曲がるためには光の粒子に質量がなければならない。

また、光にはエネルギーのあることが知られている。これは光の波長と位相をそろえて、レーザー光として手術などに使われることからも明らかである。

光がエネルギーを持つためには光に質量がなくてはならない。質量とエネルギーの等価原理をあらわした $E=mc^2$ の公式に照らして、質量がゼロではエネルギーもゼロになってしまうからである。

一方、現代物理学においては、光の粒子である光子は質量がゼロとされている。アインシュタインの特殊相対性理論によれば、光速近くで運動する物体の質量は重くなる。その算式は図表10に記載のとおりであるが、それによれば、光子にわずかでも質量があれば、光速で動く場合、無限大の質量となる。そんなことはあり得ないから、光子の質量はゼロなのである。

光の粒子に質量があれば、光速では無限大の質量となる。一方、光の粒子に質量が無ければ、地球や太陽の引力は光の粒子に対して働かない。したがって、落下するエレベーターの中で発せられた光が曲がることも、太陽の重力で光が曲がることもありえない。もちろんレーザー光のように光のエネルギーを利用することもできない。いずれもアインシュタインの方程式から導き出される結論である。

こうした矛盾する結果が生ずること自体、アインシュタインの理論のどこかが間違っていることを示すものなのだ。

重力は見かけの力

さらに、現代物理学においては、重力は「見かけの力」であることが知られている。先に「重力は加速度に等しい」として、落下するエレベーターの中では、人やリンゴに下向きにかかっていた重力が消え、加速度運動だけになることを紹介した。だが、逆に加速度運動を起こして重力をつくることもできる。上下に往復しているエレベーターを考えると、エレベーターが上がるときには、体が床に押し付けられるように感じる。エレベーターが下がるときには体が浮き上がるように感じる。

エレベーターが動いていることを知らなければ、体重が増えたり減ったりしているように感じるだろう。体重というのは体にかかる重力のことだから、重力が強くなったり、弱くなったり、あるいはゼロになったりしていることになる。

将来、巨大な円筒状の宇宙船を打ち上げてスペースコロニー（宇宙での居住地）をつくる計画がある。宇宙空間では無重力のために、人間が生活するには不便であり、身体への影響も大きい。そのため宇宙船を回転させることで、回転による遠心力を発生させる。すると人間は、あたかも重力が働いているように感じて地球上と変わらずに生活することができる。

これらのことから、重力は遠心力と同じように、加速度運動によって自由につくったり消したりできる「見かけの力」だとされている。見かけの力とは「見せかけの力」であり、真実不変の力ではないということである。そのような見せかけの力で光が曲がることはありえない。

宇宙は無重力の空間

また、宇宙は無重力の空間（厳密には微小重力）である。重力とは引力プラス地球の遠心力であるから、無重力の空間とは引力の働かない、無引力の空間を意味している。

宇宙が無引力の空間だということは、宇宙飛行士が宇宙ステーションの無重力状態の中で空中に浮いている姿を思い起こしてもらえばわかりやすい。

図表11　スペースシャトルの実験室で浮かんでいる向井千秋宇宙飛行士

写真提供（NASA・JAXA）

図表12　毛利衛宇宙飛行士が宇宙で行なった水滴実験の様子

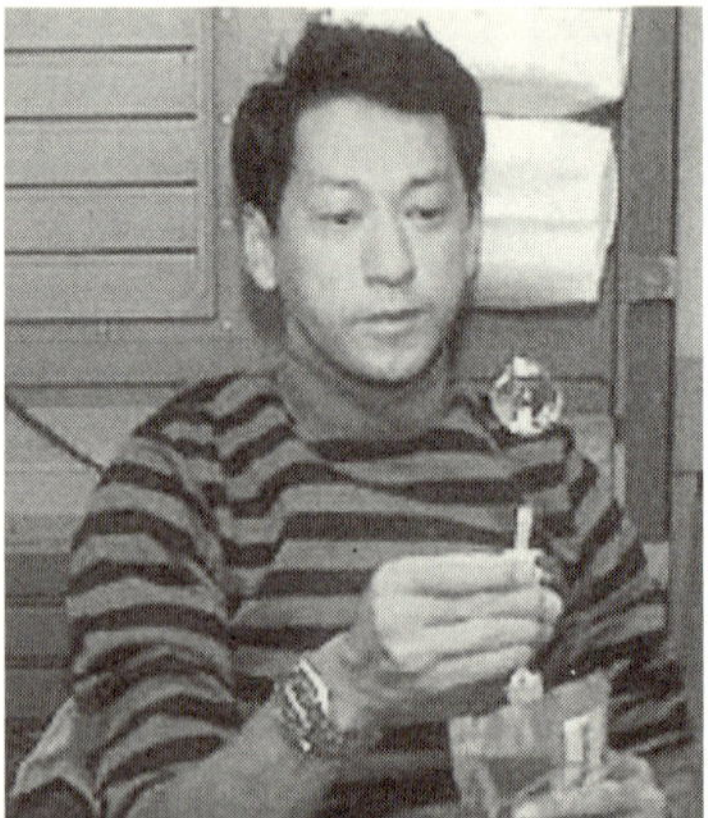

写真提供（NASA・JAXA）

宇宙の無重力空間では、足を地につけるとか、立って歩くということはできず、空中を泳いで移動する。寝るにも寝袋などで身体全体を固定する必要がある。トイレをするにも引力は働かないから、バキュームで吸い取ることになる。水は玉になって空中に漂ってしまうから、カップでお茶は飲めない。上下の絶対的基準はないから、上とか下という考えは通用せず、何かの目印で上下左右を判断する。

ニュートンやアインシュタインの引力方程式では、「質量を持つふたつの物体は互いに引き付けあう」とするが、宇宙の無重力空間では、そういう現象は全く起こらない。相当に重さがあるものでも空中に浮かんだままであり、下方に落下したり、近くにある他の物体を万有引力の法則で引き付けたりということは起きようがない。宇宙飛行士が空中に浮かんだスペースシャトルなどの映像を見ると、宇宙が無重力空間だということを、否が応でも知り得ることができる。

実験で証明できない引力

こうした私の指摘をまだ疑う人は、実験をしてみるとよい。万有引力の法則にしろアインシュタインの重力理論にしろ、間違っている証拠に、地上での落下運動以外、実験室でミニチュアをつくって再現することが全くできないでいる。

これは、無重力を想定しての思考実験も可能で、地球と月のミニチュアをつくって、宇宙のスペースシャトル内で浮かせて回してみるとしよう。

地球の半径は6380キロメートル、月の半径は1740キロメートル、双方の距離は地球半径の60倍である。質量は地球が1立方センチメートル当たり5.52グラム、月は3.34グラムである。

この密度で1億分の1のミニチュアをつくる。ひとつは半径6.38センチメートルの地球のミニチュア、もうひとつは半径1.74センチの月のミニチュアをつくり、約3.8メートル離して真空中あるいは無重力空間に浮かせ、月を公転させてみる。

この実験で明らかなことは、月を公転させようとしてもミニ地球のまわりを回ることはせず、月のミニチュアはどこかへ飛び出していってしまうだけだということである。

また、月を公転させず、ミニ地球と3.8メートル離れた所にミニチュアの月を浮かせるだけならば、万有引力の法則にしたがって、互いにくっつくはずである。なぜなら、現実の月が地球に落ちてこないのは、月の公転による遠心力が働くからで、公転を止めれば地球との間には引力だけが働き、月は地球に落ちてくる（引き寄せられる）と説明されている

図表13　月と地球のミニチュアをつくって、無重力空間に浮かせてみる。ふたつの間に引力は本当に働くか？

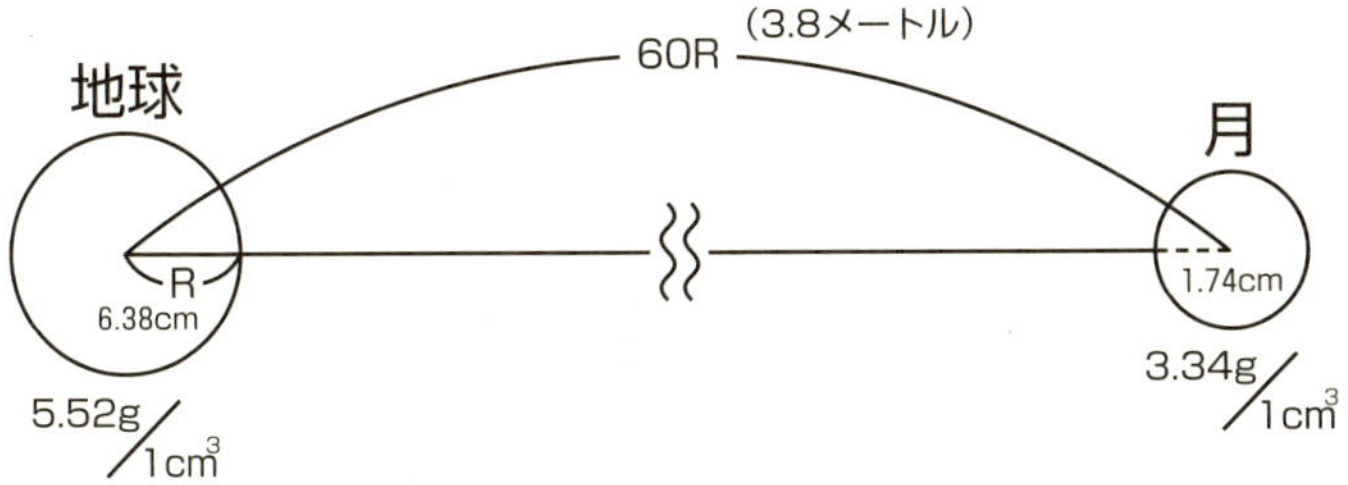

からだ。それゆえ、無重力での実験においても、ミニ地球とミニ月は、静止状態で3.8メートル離した状態に置けば、引き寄せられるはずである。だが、そんなことは起こりえない。双方の距離をもっと近づければ、引力方程式により、引力はより強くなるはずであるが、それでも何の変化も起こらない。

もし、双方に引力が働くならば、無重力のスペースシャトル内で水が玉になって浮くことはない。水の分子には質量があり、互いの分子には引力が働くはずだからである。

また、宇宙飛行士が機体に足をつけたまま、地球上と同じように歩き続けることが可能のはずである。なぜなら、機体も宇宙飛行士も充分な質量を持ち、かつ、密着していて距離はないのだから、双方には万有引力が働かなければならない。だが現実には、無重力の宇宙空間では通常歩行は不可能で、宇宙飛行士は空中遊泳で進むしかない。つまり、それぞれ充分な重さのある宇宙飛行士と機体の間に、引力は全く働いていないわけで、こうした現象はどう説明したらよいのだろうか?

このように、無重力の宇宙空間では「ふたつの物体間に相当の質量があっても、万有引力やアインシュタインのいう重力は働かない」のである。

かって1800年代に、ふたつの物体を使って、地球以外の引力の実在を実験で示したという人物が一人だけいたそうだが、再現が不可能なことを考えると、多分、磁石でも使ってインチキをしたのだろう。つまり、ニュートンやアインシュタインの重力方程式は運動原理としては存在せず、ただ計算結果が偶然に合致するだけの近似式に過ぎないといえる。

以上のことから、無重力の宇宙空間を経由して引力が働くことは100％ありえない。太陽だろうと地球や月だろうと、その引力が働かないから無重力の空間なのであって、そうした無重力の空間で光が曲がることは断じてないと言える。

結果として、光の粒子に質量があろうとなかろうと、無重力の宇宙空間を経由して太陽などの重力によって光が曲がることはありえない。重力に関するアインシュタインの理論は明らかに誤りであり、虚構なのだということは、現代科学の情報を冷静に分析すれば、誰の目にも明らかなのである。

そんな馬鹿な、今まで信じてきたのは何だったのだ、と皆さんは思われるかもしれない。確かにこの指摘が真実だとすると、アインシュタインの重力理論や、これまでの宇宙論は音を立てて崩れることになる。

これまでの宇宙論においては、宇宙に存在するというブラックホールは重力によって光が曲がり、脱出できないとされているから、それはウソ。宇宙に大量に存在するという暗黒物質（ダークマター）も、重力によって星や銀河が形成されたとする前提であるから、虚構のものだった。

そもそもビッグバンの始まりの特異点は、重力で圧縮されていたというから、初めからビッグバン理論は誤りだったということになる。この結論はそれほどの破壊力を持つが、それでは、なぜアインシュタインの予言したとおり、太陽近くを通る星の光は曲がって見えたのだろうか?

光は磁気で曲がった!

アインシュタインの予言について言えば、太陽近くを通る星の光は、重力ではなく、太陽の持つ磁気の力で曲がったのである。

光は電磁波という波であり、また粒でもある。電磁波とは電場と磁場が直行して交互に振動する波である。光だけでなく紫外線や赤外線、ラジオやテレビの電波も皆、波長の違う電磁波である。電磁波は、その成分に磁場を持つから、磁石の力によって曲げることが

図表14　光は重力ではなく、太陽の磁力で曲がった

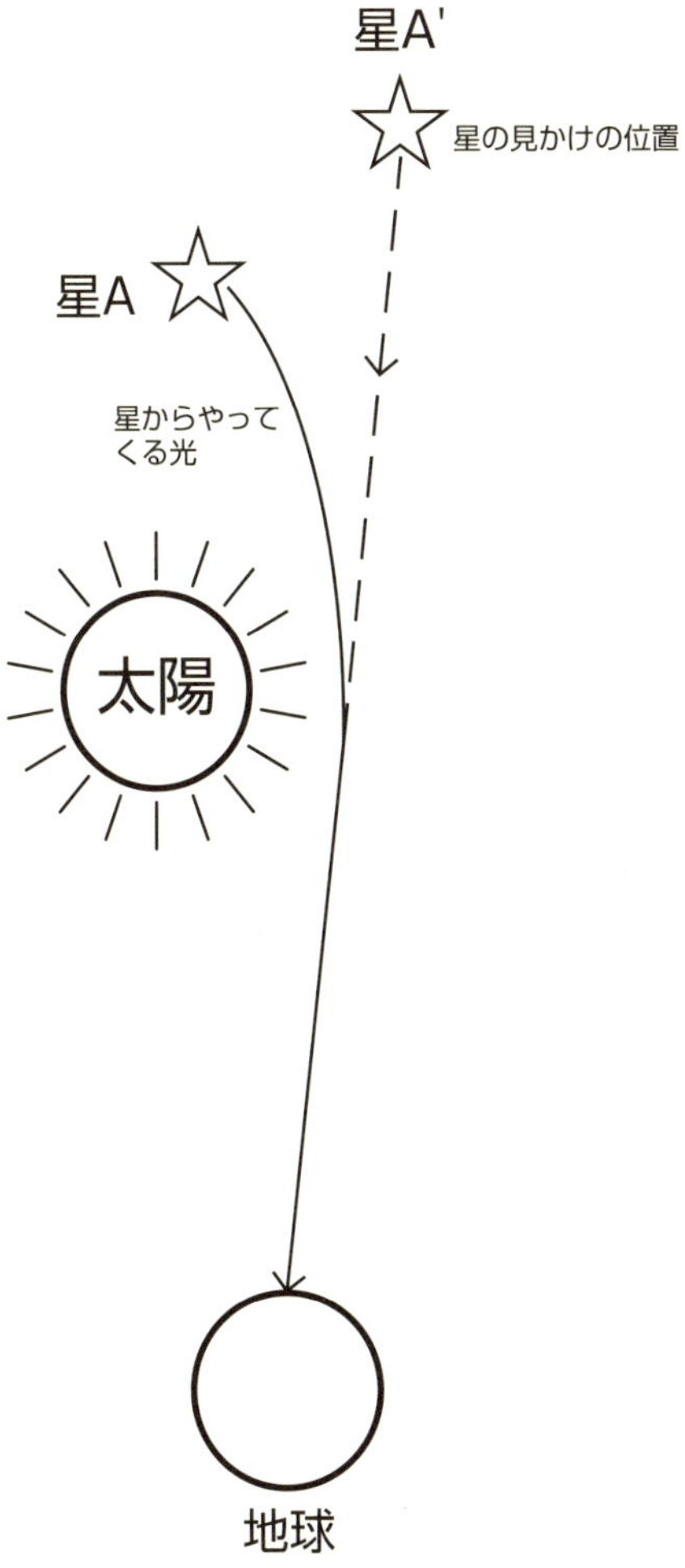

出来る。

たとえばファラデー効果というのがある。これは磁力が光の面を曲げてしまう現象のことで、直進する光の偏光面が磁場によって回転させられ、検光子を出てくる光が暗くなったり明るくなったりする。光ファイバーはこの原理を応用して、磁石によって光の波の面を変えている。この原理は光の波の面を変えるだけで、光の直進性への影響はないが、それでも磁力が光をねじ曲げてしまう明白な証拠である。

また、地球上の電波すなわち電磁波は、丸い地球の表面に沿って幾分、湾曲して進むことが知られている。この理由は別に語られているが、電波の湾曲の真の原因は、地球磁気の影響によるものだと考えられる。

さらに、北極や南極地方に浮かび上がるオーロラも、太陽から放出された電子や陽子が地球の磁気で曲げられる好例であるし、テレビのブラウン管も磁石（の役割をするコイル）によって電子の方向を自在に曲げて映像を映し出している。

電子は厳密には光と違うが、一方、電子も、光と同じように波と粒との両方の性質を持っている。光のエネルギーはとびとびの値に限られるが、電子の軌道半径もとびとびの値に限られる。さらに電子も光と同じように、磁気的要素と電気的要素の両面を持つし、加速器で加速すれば、光の速度の99・99999%くらいまでは加速できる。そういう意味で、電子について言えることは光についても言えることが多い。光の粒子である光子とは、電子の一形態かと思えるほどである。

太陽が地球と同じように、ひとつの大きな磁石であることは、すでに確認されている。太陽での磁場は、自らの超高速のプラズマ流（太陽風）のために、磁力線が放射状に延びている。また、太陽活動や黒点の周期に関連して、11年という短い期間で磁場の極性が反転している。そういう点で、太陽の磁場は地球磁場とは異なるが、磁石であることに変わりはない。だからこそ、太陽のすぐそばを通った光が曲がったのである。その曲がり方がアインシュタインの事前に予言したとおりというのは、なんとも説明しがたいが、とにかく、重力で光が曲がったのでは断じてない。

ちなみに太陽においては、黒点には4000ガウスにも達する強い磁場があるが、太陽面平均では1ガウス以下の強さであることがわかっている。

磁気レンズ効果と呼ぶのが正しい

同様のことは「重力レンズ効果」についても言える。重力レンズ効果とは、質量の重い

図表15　「重力レンズ効果」は磁力によって光が曲がって見えるため、
「磁気レンズ効果」と呼ぶのが正しい。

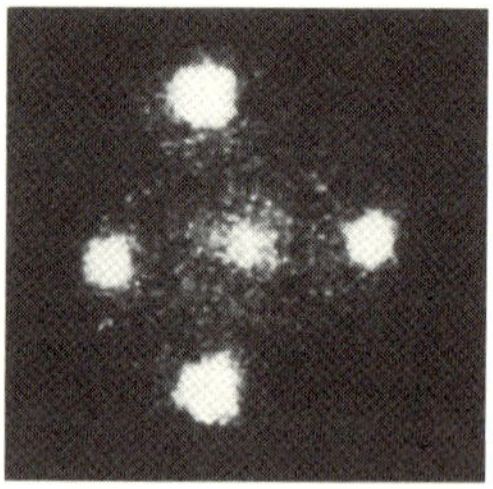

重力レンズ効果の様子
（遠くのクエーサーが
4つに見える）

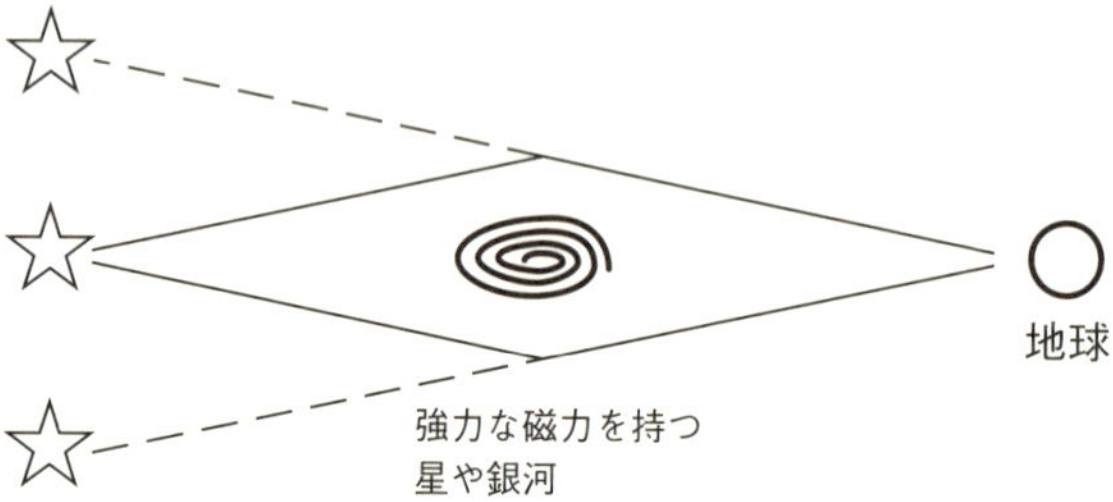

（と思われる）天体の反対側にある星が、ふたつにも４つにも、あるいはリング状に存在しているようにも見える現象を指す。

この現象は、一般相対性理論が発表された後、すぐに何人かが予言した。実際に重力レンズ効果の現象が発見されたのは１９７９年のことである。

その原因は、太陽近くを通る星の光が太陽の重力で曲がるとされたように、質量の重い天体の重力によって、遠くにある星の光が曲げられるからだとされている。

だが、これは誤りで、重力レンズ効果と言いつつも、実際は重力ではなく、星との間に入っている天体の磁気の力で光が曲げられている。だからこの現象は「重力レンズ効果」ではなく、「磁気レンズ効果」と呼ぶのが正しい。どんな重い天体のそばを通ろうと、重力で光が曲がることはないのである。

磁力赤方偏移

また、重力赤方偏移という現象がある。

一般相対性理論は、重力に逆らって重力と逆方向に進む光のエネルギーは、放出時より小さくなることも予言した。光のエネルギーは波長に反比例するので、この場合、波長が伸びて観測される。波長が伸びると、光は赤みがかるので、この現象を指して重力赤方偏移という。

重力赤方偏移は、アインシュタインの予言を受け、アメリカの物理学者パウンドらが1960年に確認したとされている。だが、これも誤りで、太陽などから発せられる光は、重力ではなく、磁力に引っ張られて波長が伸びる。そのために赤方偏移するのであるから、重力赤方偏移ではなく「磁力赤方偏移」というのが正しい。

さらに一般相対性理論によると、自転している地球の周囲では地球に引きずられて時空がゆがむという。この指摘を受けて、これまでも何度も調査されてきたが、ごく最近、米航空宇宙局（NASA）やイタリアの研究チームが、「重力による地球周辺の時空のゆがみ」を確認したと発表した（平成16年10月）。NASAの説明では、蜂蜜の中でボウリングの球が回っているとき、球の周囲の蜂蜜が引きずられるようなもので、地球の自転の方向へ年間2メートルほど引きずられているという。

こうしたことも、本当は磁力によって起きているのであるが、それを誤解して、重力によって起きていると仮説をたて、確認したと発表している一例であろう。もし、空間のゆがみが地球周辺で実際に起こるとしたら、それは重力ではなく、地球の自転による磁力線の引きずりによって起きている。実際、地球の磁力線は、自転の影響や太陽風の影響で、一部、歪んでいることが知られている。

存在しない重力波

ついでに言えば、世界各国が検出にやっきになっている重力波について、今後も永遠に検出されることはない、と明言できる。

重力波はアインシュタインの理論独自のもので、一般相対性理論の重力場の方程式から導き出される波動である。それによれば、重力の強さも電磁波のように光速で伝播するとされ、１９１６年にアインシュタインがその存在を理論的に予言した。

以来、宇宙からの重力波の検出に多くの予算がつぎ込まれているが、いまだもって確認されていない。その理由は、重力波が極めて微少なため、超高感度の装置でないと検出できないからだとされている。

だが、それは誤りで、なぜ検出されないかというと、重力波など存在しないからである。存在しないものは何年やっても、どれだけ予算をつぎ込もうと永遠に検出されるわけがない。重力が「見かけの力」である以上、当然のことなのである。

アインシュタインの言うように、もし重力波が存在するならば、それは波であるから、宇宙空間を伝わるのに何らかの媒質を必要とする。

かつて光は波であるとされ、波が宇宙を伝わるにはエーテルという媒質があるはずだと躍起になって探した。だが、光は波であると同時に粒でもあるため、媒質がなくとも光は宇宙空間を伝わることが出来ると判明した。逆にいえば、宇宙空間に波を伝える特別の媒質は存在しないことが証明されたわけでもある。

このことは、重力波について厳しい問題を提起する。つまり、重力波が波だとして、宇宙空間を伝わるにはエーテルのような何らかの媒質を必要とする。だが、そのような媒質は宇宙空間には存在しないことは立証済みである。では、重力波は波であると同時に粒でもあるのかというと、それでは光と同じく電磁波となってしまう。

重力波という存在しないものを「存在する」と仮定すると、このような矛盾に陥るが、重力波の存在を信じる学者は、こうした指摘に真剣に答えるべきである。

「光は重力ではなく、磁力で曲がる」「宇宙は無重力の空間」など、これまでの重力理論の根幹の誤りは、もはや決定的である。

現代宇宙論を支えてきたアインシュタインの一般相対性理論は、ニュートンの重力理論に代わる、新しい重力理論であった。

だが、このように、宇宙空間において重力が存在しないとなると、これまでアインシュタインの重力理論を中心に組み立ててきた宇宙論が、ガラガラと音を立てて崩れていくことになる。

アインシュタインの理論は部分的にのみ正解な、部分解だったということになるが、それも歴史の大きな流れの一コマであろう。アインシュタインのどの理論が正解で、どの理論が誤りかの厳密な仕分けは今後の課題として、今は宇宙論に絞って本書を展開していきたい。

第3章

これがホンモノの宇宙の姿だ

それでは、いよいよ宇宙の大規模構造の真実に迫ることにしよう。

これまで見てきたとおり、ビッグバン理論＝膨張宇宙論は、すでに論理的に破綻している。かといって「それに代わる対案」がなければ容易に理論を捨てきれない、という立場も充分に理解できる。そういう意味でも、ビッグバン宇宙論の根拠となった現象を踏まえて、矛盾なく、真実の宇宙の姿を解き明かすことが求められる。

ビッグバン理論に代わる宇宙の全体像を明らかにする上で、最も重要なことは、「遠くの銀河の光ほど赤方に偏移する」という光のドップラー効果の起きる原因を説明することである。

続いて宇宙背景放射の原因の説明であるが、このふたつは、実は全く別の原因から発していると推定される。このため、ふたつの現象を一連のものとして述べることはできない。宇宙はいわば二重の構造になっているためである。

なお、ビッグバン理論正当化の3番目の根拠とされる水素やヘリウムなどの存在比については、ガモフが中性子を元素形成の出発点と誤認して予測したこと、またガモフが新説を発表する前の1940年代半ばには、宇宙は水素とヘリウムがほとんどであるとすでに知られており、ガモフはその数値に計算結果が合うよう調整したに過ぎないことを踏まえると、検討不要だといえる。

そういう事情から、まずは、膨張宇宙論の根拠となった光の赤方偏移の真の原因について説明していきたい。

もし、膨張宇宙論以外の方法で光の赤方偏移について充分に説明できたなら、それこそニュートン、アインシュタイン以来の宇宙論の革命である。それだけでなく、われわれ人類の住む地球と宇宙の全体の姿を、21世紀になって初めて正しく認識したことになる。

光の赤方偏移は磁気で起きる

さて、光の赤方偏移の問題であるが、この理由は実はそう難しくはない。それは、遠方の光ほど地球から速く遠ざかっているためでも、重力によって光が曲がって見えるためでもない。

太陽のそばを通る星の光が磁気の力で曲がるように、遠方の銀河の光も、宇宙の中の磁気の力で曲がって波長が延びる。結果として遠くの光ほど波長が伸び、赤方に偏移するのである。

光は粒であり電磁波という波でもある。電磁波は、その中に磁場を含むから、磁気の力によって光の軌道が曲がる。その曲がる度合いが遠方の光ほど大きいために、光の波長も伸びて、遠い光ほど赤方に偏移して見える。

ひとつの例を示そう。今、太陽より大きな磁力を持つ巨大天体があるとして、その天体の磁力の働く大きな空間内に、A、B、Cと3つの星が並んであるとする。それらの星は地球上の観測点Pから見て、一直線上に等間隔に存在して光を放っているとする。

光は、巨大天体の磁力の影響を受けながら進むために、一直線では届かない。A、B、Cからの光は、巨大天体の磁力線に沿って湾曲しながらわれわれのもとに届くことになる。その湾曲の度合いは、遠方の星の光ほどその距離が長いために大きくなる。つまり、遠方の星の光ほど波長が伸びることになる。

一方、われわれ人類は、磁力によって大きく湾曲して到達した光も、一直線に到達してきた光として認識する。それゆえ、A、B、Cからの星の光は、実際の距離よりも遠くの光ほど、より遠くにある星の光として認識される。

それと同時に、光の持つ波長も湾曲によって引き伸ばされるので、A、B、Cからの星

図表16　光の赤方偏移の起きる原因

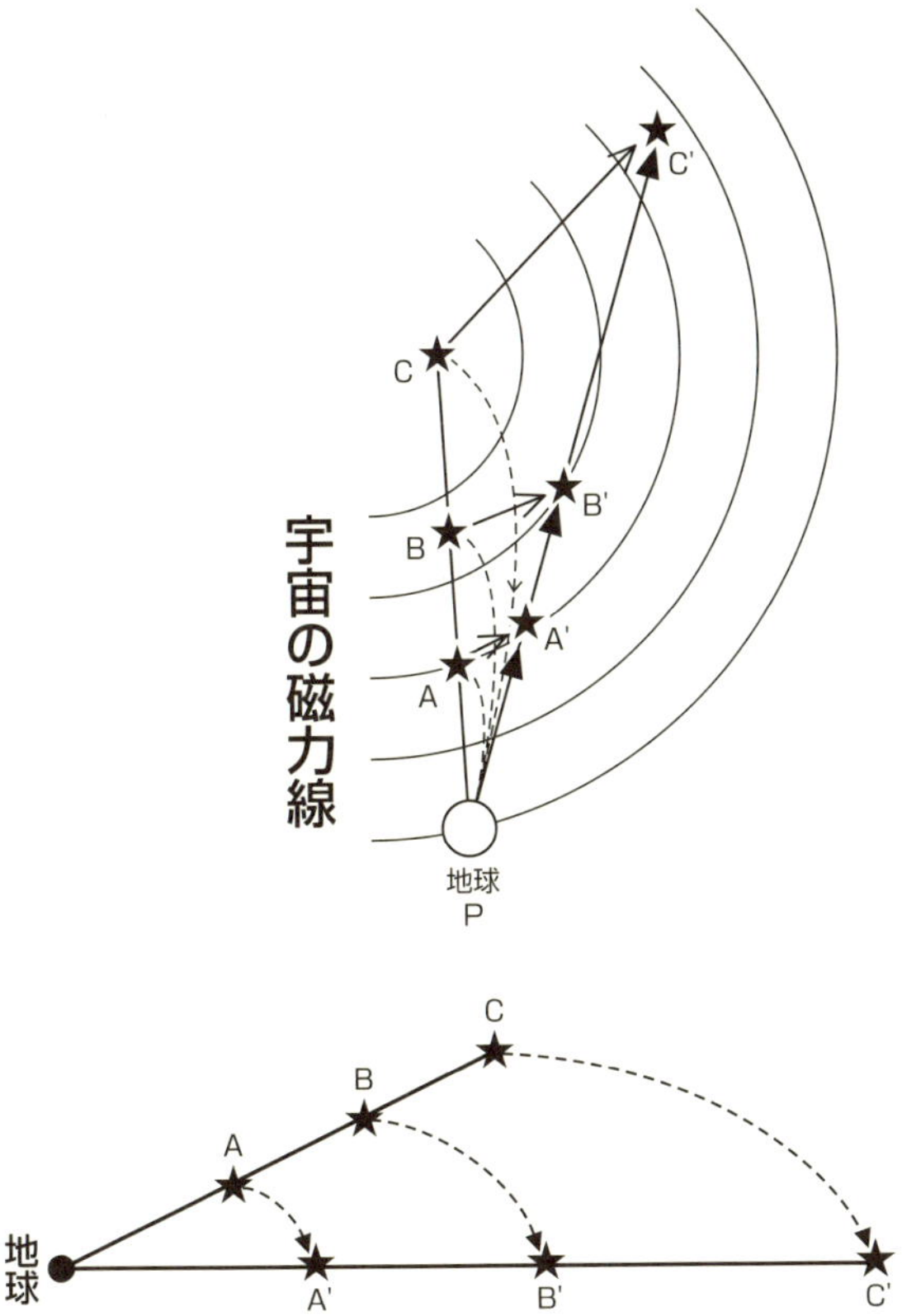

遠くの星ほど磁気の力で曲げられるため、
より赤方に偏移して観測される。

の光は、遠くのものほど、より赤方に偏移して観測されることになる。

これが、「遠くの銀河の光ほど赤方に偏移する」という現象の根本原因である。光が電磁波として磁場に反応することと、宇宙の中に強力な磁力をもつ巨大磁場が存在することによって生ずるものである。

理由を知ってしまえばきわめて簡単な原理であるが、人類がこれまで誤解し続けてきたのは、磁気によって光が曲がり、その結果波長が伸びる、ということに思い至らなかったためである。

宇宙に走る巨大な環状の電流

それでは、宇宙規模で「光の赤方偏移」を起こさせる巨大磁場を持つ天体は、現実としては、どこに存在するのであろうか?

宇宙の全方向からの光を赤方に偏移させるような巨大天体があるとすれば、途方もなく大きいはずだが、そんな存在が現実にあるのだろうか?

この疑問を解くには磁場が発生する原理を知る必要がある。磁場は永久磁石以外に、電流によっても発生する。

電流の流れが直線的であれば、磁界は、その流れに対して垂直に発生する。磁力線の向きは電流の進行方向に対して、右回りに生じる。これを「右ネジの法則」という。

一方、電流がドーナツ状に閉じた形で流れる場合には、その導線を取り囲むように磁場ができる。その形はコイルを思い出していただくとわかりやすい。

電流の流れる導線を円形に1回巻くと、その導線の真ん中に棒磁石があるかのように磁場ができる。その導線をコイル状に何回も巻くと、一体化して強い磁場をつくり出す。こうしてできた磁石を電磁石といい、固形型の永久磁石とは区別され、発電機などに利用されている。

さて、光の赤方偏移との関連であるが、宇宙全体にも巨大な環状の電流が流れているものと推定される。それによって中心に巨大な棒磁石があるかのように磁場が発生し、電磁波である光を曲げているといえる。

このように、宇宙空間に環状に電流が流れていて、それによって巨大な磁場をつくっているというと、唐突に聞こえるかもしれない。だが、地球のまわりにも地球半径の数倍ぐらいのところに似たような電流系がある。

図表17　電流の流れと磁界

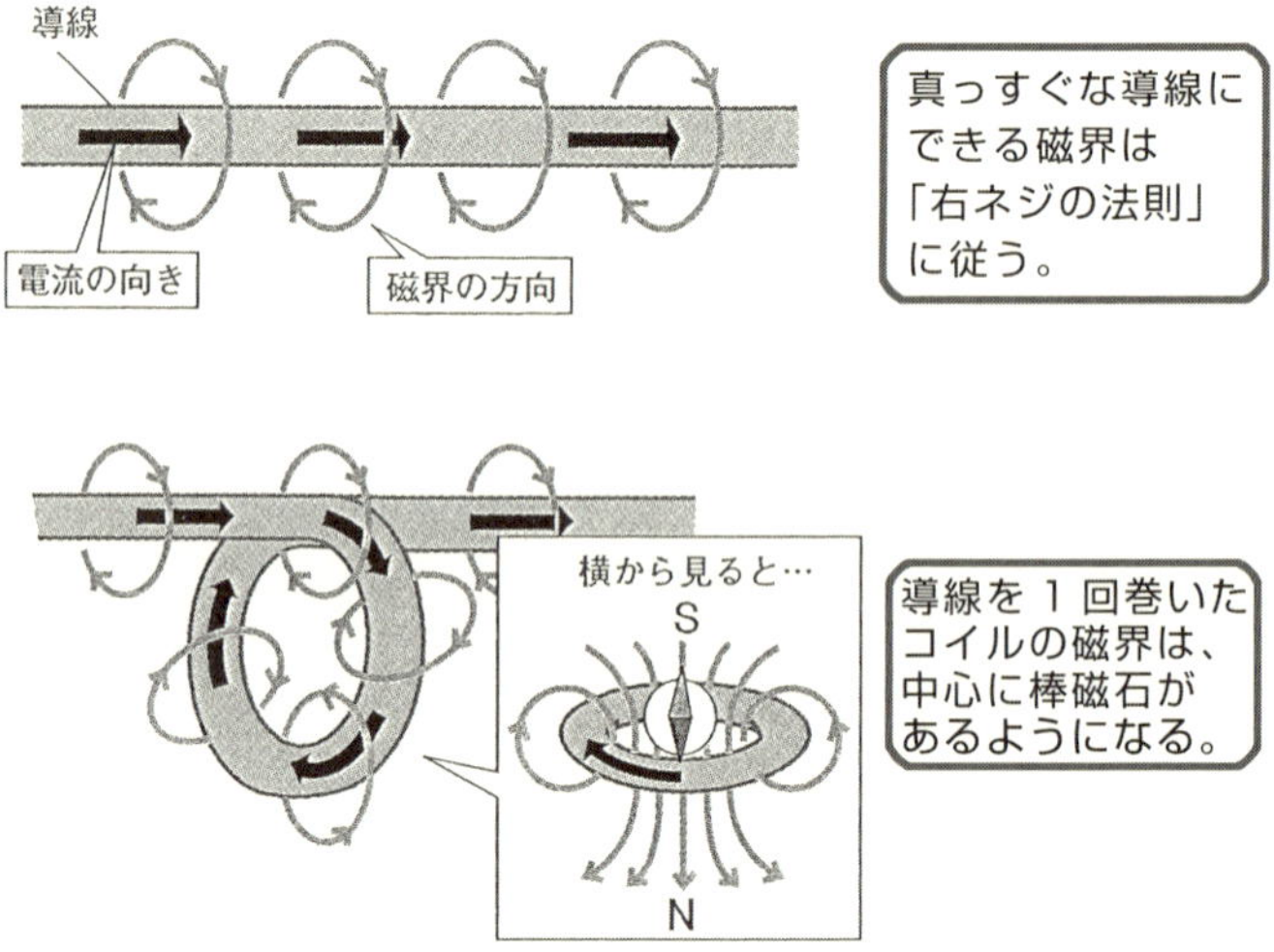
導線
電流の向き
磁界の方向
真っすぐな導線にできる磁界は「右ネジの法則」に従う。
横から見ると…
S
N
導線を１回巻いたコイルの磁界は、中心に棒磁石があるようになる。

次ページの図表18に示すように、地球を西向きに回る赤道環電流がそれで、当初は地球の磁場も、地球の外側を円形に流れる環電流によってつくられているのではないか、といわれたほどである。

地球のまわりに環状の電流が流れるように、宇宙においても、宇宙全体をひとつの統一的な磁場とするような環状の電流が流れているものと推定する。そうすれば、地球上でコイル状に導線を巻いて電気を流したのと同じように、環状電流の真ん中にひとつの棒磁石があるかのように、巨大な磁場が発生する。

それでは、大宇宙の統一的な磁場が、巨大なドーナツ状の電流によってつくられているという証拠を提示させていただこう。これは、アメリカの科学ジャーナリスト、エリック・J・ラーナー氏の著作『ビッグバンはなかった　上』（河出書房新社刊）から紹介させていただく。

「今日の指導的な光学天文学者の一人、ハワイ大学のブレンド・タリー博士と同僚のJ・R・フィッシャーは、地球から1億光年の範囲にある2000個の銀河の距離測定を利用

図表18　地球を西向きに回る赤道環電流と、その電流のつくる磁場

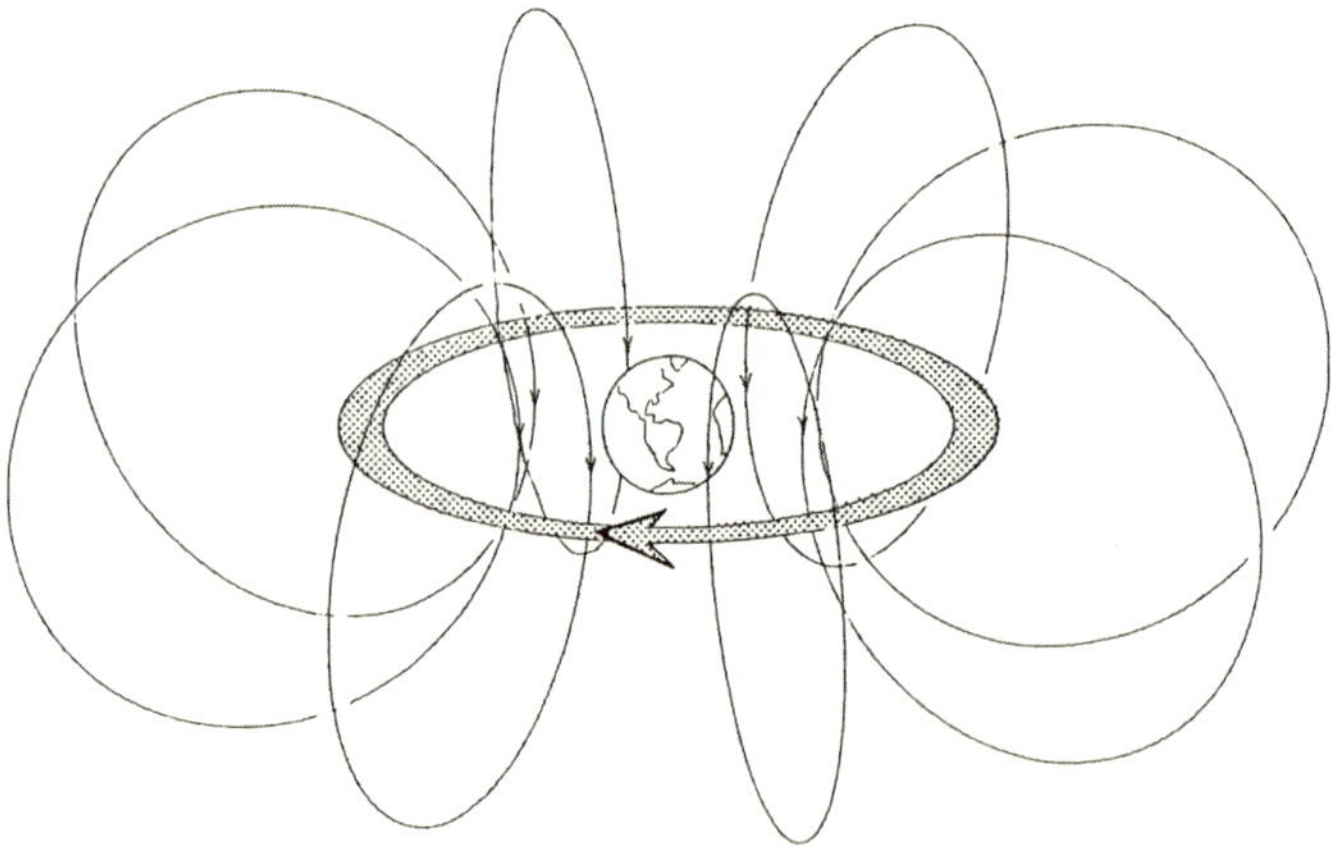

して三次元の星図作成にとりかかっていた。

何年もデータを解析したり、図を描いて星図を完成させると、明瞭なパターンが浮かび上がってきた。20個を超えない例外を除いて、何千という銀河がすべて、細いフィラメントを結んでできたネットワークに沿ってクリスマス・ツリーのライトのように連なっていた。径わずか数百光年のこのフィラメント（どれも径は700万光年以下）が、タリー博士とフィッシャーの星図の限界を超えて、数億光年以上も延びているのだ。

…また、さらに大きな尺度で見ると、タリー博士が、半径10億光年に及ぶ宇宙の大星図づくりの中で、1986年に発見した大規模構造では、地球から10億光年以内の距離にあるほとんどすべての銀河が、長さほぼ10億光年、幅ほぼ3億光年、厚さほぼ1億光年の巨大な何本かのリボンの形の中に集中している、というものだった。ひとつひとつのリボンは、数十本のスーパークラスター・フィラメントでできているのである。

…とりわけ、径1億光年で長さが10億光年を超える長いフィラメントが、星図の限界を超え、先の方まで伸びており、さらに大きな構造の一部であるかのように見えた」〈P36～46　一部要約〉

タリーのこの発見に対して、ほとんどの天文学者は最初、頭から否定してかかった。し

図表19　宇宙は数億年にわたるスーパークラスターと呼ばれる巨大なフィラメントに沿って集中しているが、タリー博士は、さらに地球から10億光年以内にあるすべての銀河が、長さ10億光年、厚さ1億光年の巨大なフィラメント（図の中で左右に延びている）に集中していることを発見した。

（『ビッグバンはなかった　上』河出書房新刊より）

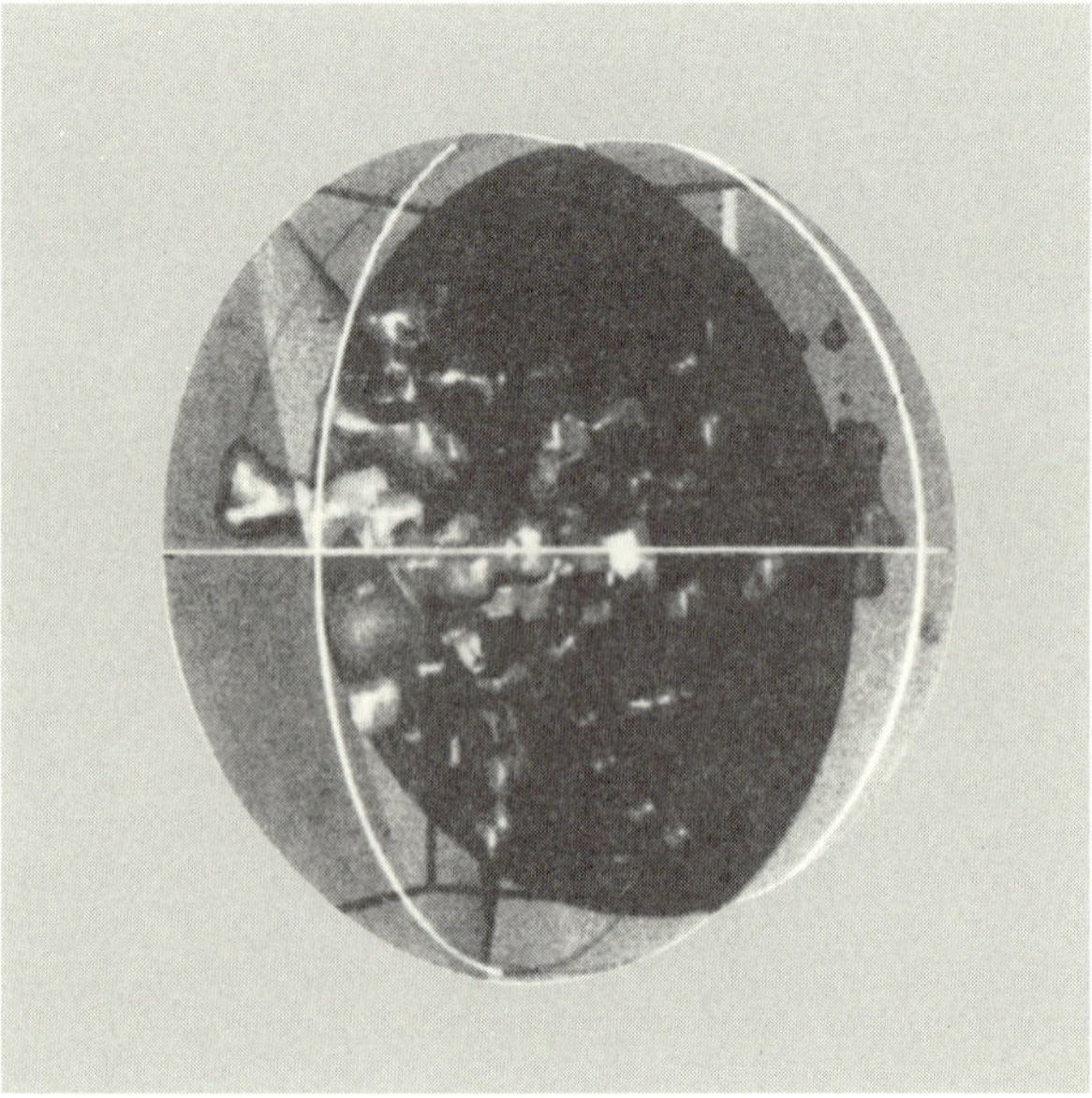

かし、様々な宇宙の巨大構造が次々に発見されるにつれ、タリーの発見もあらためて裏付けられ、もはや否定できないものになっている。

タリーの発見した、10億光年を超えるフィラメントに電流が流れているとして、それが直線状にとどまるものであれば、発生する磁場は、その直線に対して垂直に、円形の磁力線を描く。磁力線の向きは右ネジの法則によるが、その磁力線の断面は、どこをとっても同じで平面的である。

これだけだと、「遠くの光ほど赤方に偏移する」という光のドップラー効果は特定方向でしか起こらない。とりわけ、フィラメントに沿った方向では、光が磁力の影響を受けて曲がるということはほとんどない。電流が流れれば磁場は発生するのだが、直線状の電流では、磁力線は平面的なものにとどまるからである。

一方、現実の観測では、光の赤方偏移はどの方向においても同じように起こっている。したがって、宇宙空間における電流は、ドーナッ状につながって流れているものと推定される。ドーナツ状であれば、コイルを一回巻いたのと同じ状態で、磁場は円で囲まれた真ん中に棒磁石があるかのようにつくられる。そして、この形であれば、つくられる磁場は立体的であるから、そこを通る光は、どの方向からのものも磁気の影響を受けて曲がることになる。それを考えると、タリー博士の発見した、長さ10億光年を超える巨大フィラメントは、宇宙を一周してドーナツ状につながった超巨大フィラメントの一部であるということになる。

この指摘が真実である証拠として、**タリー博士の発見した10億光年を超える巨大フィラメントは、幾分、湾曲しているはずである。**そして、発見された10億光年の先の先まで湾曲しながら伸びているはずである。専門家はぜひ、このことを実際の観測で確認していただきたいが、**その湾曲の延長が、宇宙を一周してドーナツ状につながった環状の巨大電流であることは疑いがない。**

宇宙は四極子型の磁場

ところで、宇宙の磁極は一対だけではないように思われる。一対のN極、S極だけだと、先のA、B、Cの星が、磁力線の方向と平行に並んでいる場合と、直角に並んでいる場合とでは、光の引き伸ばされる度合いが相当に違ってくる。

観測者Pと対象の星が磁力線と平行に並んでいる場合、相当の距離を離れないと光は曲がらず、容易には赤方偏移もしない。一方、観測者Ｐと星が磁力線と直角に並んだ場合には、わずかの距離でも、星からの光は赤方に偏移する。

磁極が一対だけでは、対象の光の来る方向によって赤方偏移の度合いが大きく違うという現象が起こるが、これは観測される結果と違っている。現実の観測では、どの方向においても地球からの距離にほぼ正比例して、光の赤方偏移は起こっている。

したがって、宇宙全体を統合する磁極は、一対ではなく、二対のＮ極、Ｓ極があるものと推定される。そのイメージを示すと次ページの図表20のとおりであるが、磁極が二対であれば、宇宙空間のどの方向からの光も、ほぼ同じような程度に磁力線の影響を受け、距離にほぼ正比例して赤方に偏移するのである。

こうした磁極の有り様は、物理学的には「四極子型の磁場」と呼ばれる。四極子型の磁場には、図表20の２のように４つの磁極がＳ極、Ｎ極、Ｎ極、Ｓ極と一直線に並んだものと、もうひとつ、ひし形の頂点にひとつずつ磁極があるタイプの２種類がある。いずれの場合であっても、全体の磁力線の形はほとんど変わらない。

この四極子型の磁場のうち、説明しやすいので、図表20の２のように磁極がＳ、Ｎ、Ｎ、Ｓと一直線に並んだ形が現実の宇宙だとしよう。

図表20の１　宇宙は、磁石を２個重ねたような四極子型の磁場をしている。

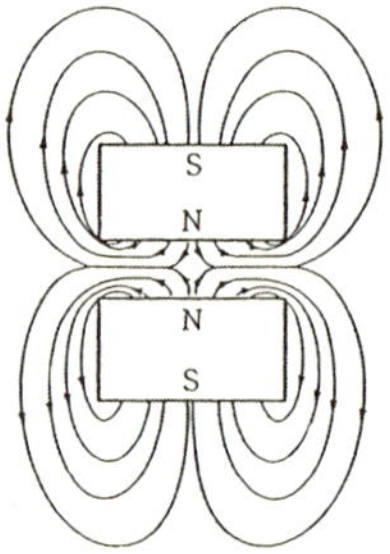

図表20の２　四極子型の磁場の代表的タイプ。

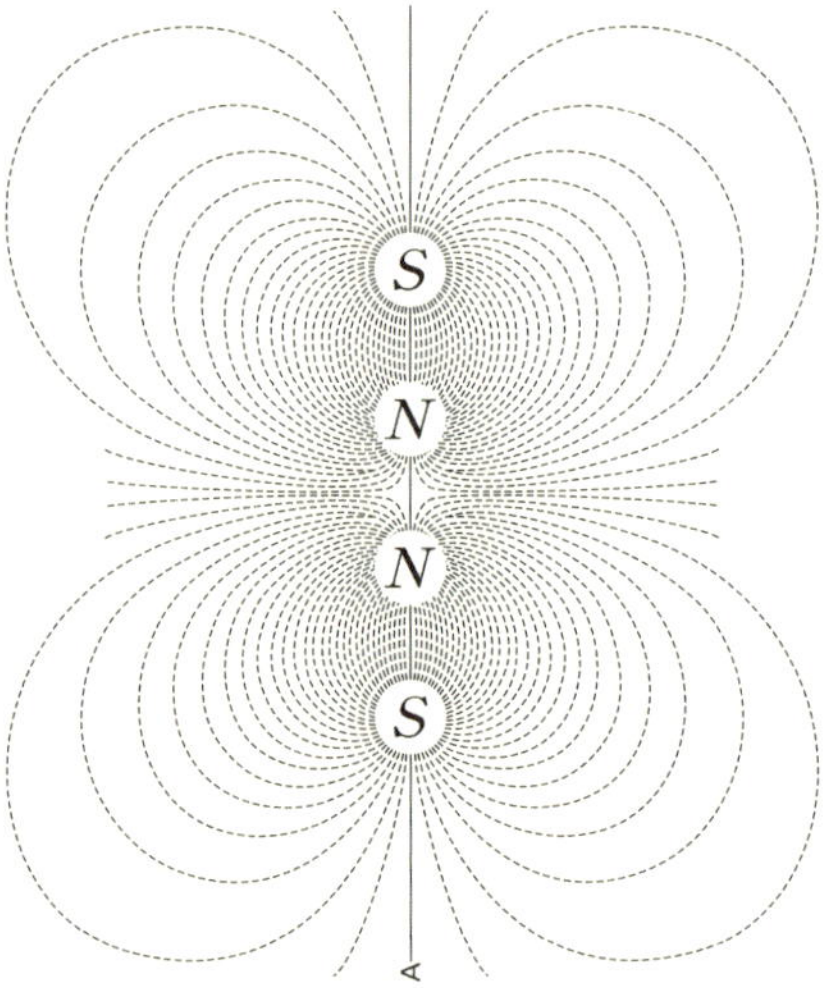

図表21　宇宙の四極子型の磁場は、北半球と南半球で向きの異なる
２本の環状電流によってつくられている。

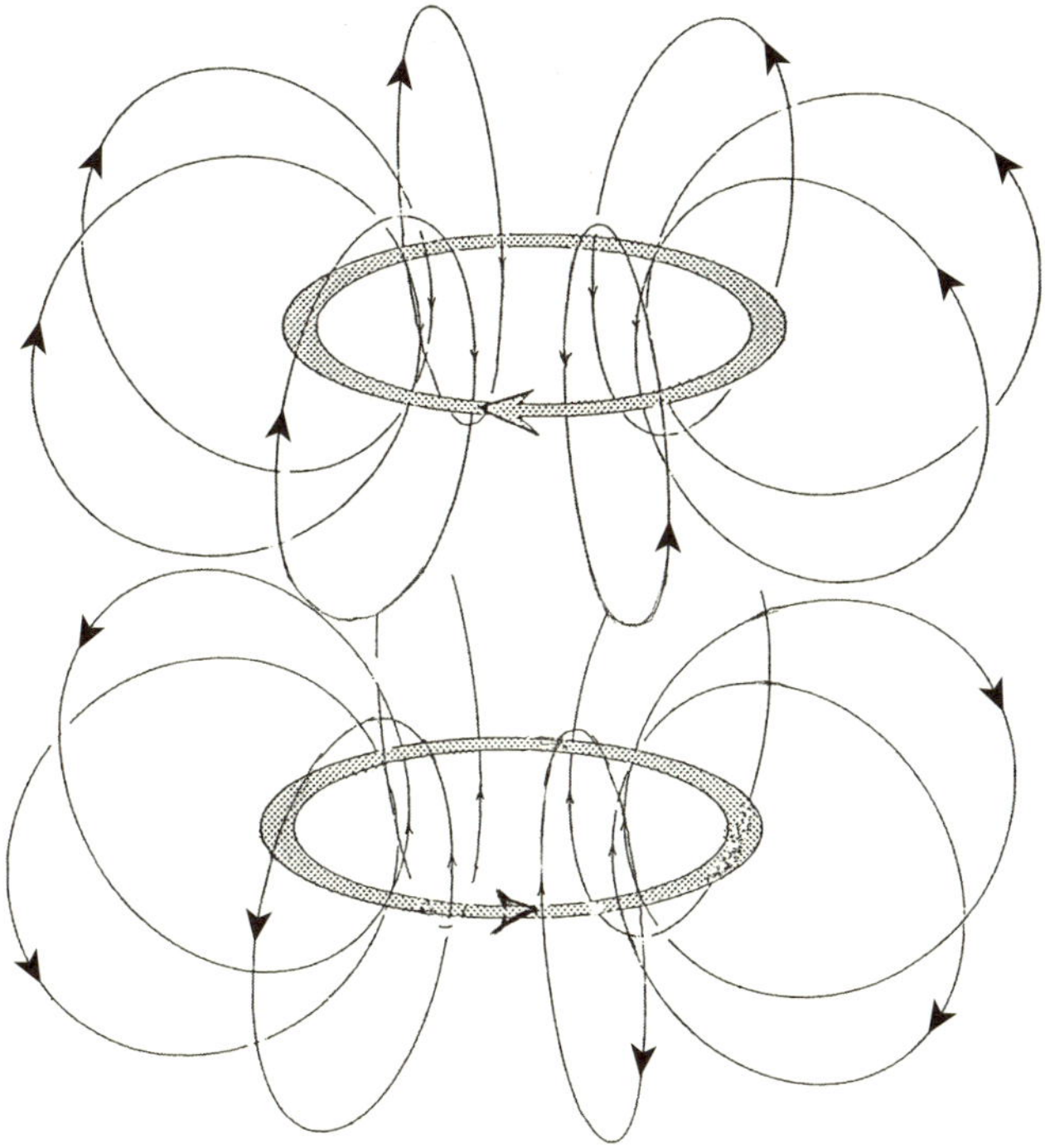

こうした磁極の並び方をするためには、向きの異なる電流の流れが宇宙の中に二系統あればよい。

ひとつは宇宙の北半球（上半身）を横断する形で環状に、もうひとつは宇宙の南半球（下半身）を横断する形で、今度は北半球とは逆向きの流れで環状に電流が流れていればよい。そうすれば4つの磁極が一直線にならび、宇宙全体で四極子型の磁場が、すっきりした形で形成される。

流れの方向は、宇宙に天地があるとして、天の側にS極（方位磁石の指す北）ができるように、宇宙の上半身の環状電流は上から見て右回り、下半身は、逆に地の側にS極ができるように、上から見て左回りの環状電流となる。

このように、大宇宙の四極子型の磁場は、北半球と南半球で向きの異なる、ふたつのドーナツ状の巨大電流によってつくられていると考えられる。

地球は宇宙の縮小形

ところで、この四極子型の磁場をつくる宇宙の全体像を見て、何かを思い出さないだろうか？

そう、この全体像は地球の形によく似ている。

地球は磁極がN極とS極の一対の磁場であり、その点で大宇宙の四極子型の磁場とは異なっている。だが、大宇宙が北半球と南半球で電流の向きが逆になっているように、地球においても北半球と南半球では、さまざまなものが逆になっている。

たとえば、地球において海洋の流れは北半球では時計回り（右回り）、南半球では反時計回り（左回り）と逆である。

また、風呂の湯船の栓を抜くと、北半球ではいつも左巻き、台風や竜巻の渦巻きも同じで、南半球ではすべて逆となる。

これらは、地球の自転による影響と、「コリオリ力」という「コマの首振り運動」に見られる力が働くためだ、と説明されている。だが、それらの真の原因は、大宇宙が北半球と南半球で環状の電流の向きが逆であるために、地球においても、それを反映して逆であるからだと考えられる。

地球は4つの大きな大陸を有しており、大宇宙も四極子型の磁場として4つの半円を持つ。この点でも相似形で、地球は宇宙の縮小形、小宇宙だといえる。

ダルマ型宇宙

また、この宇宙はダルマの形にもよく似ている。ダルマは人間が手と足を隠して座った形だから、大宇宙は人の形にも似ているといえるであろう。

インドの哲学で、「人間は小宇宙である。神は自らに似せて人間をつくった」と語られるが、このダルマ型宇宙の全体像を知るかぎり、さほど外れてはいない、というより、大いに当たっているといえよう。

実際、宇宙と同じように、人間においても首から上と下では逆になる。左脳は右半身を制御し、右脳は左半身を制御するというように、首のところで脳と体をつなぐ神経系統が交差して、対応関係が逆になっている。

この十字交差に必然性はないことからみても、人も、大宇宙の上半身と下半身の環状電流の向きの違いを反映して、首から上と下が逆となっているのかもしれない。

ちなみに、人の大脳も、前頭葉右脳側、前頭葉左脳側、後頭葉右脳側、後頭葉左脳側と4つに分けられる。見方によっては、四極子型の磁場として4つの半円を持つダルマ型宇宙を縮小した形である。この点から言えば、人が小宇宙の形であるだけでなく、人の大脳

図表22　宇宙との相似形

① 宇　宙

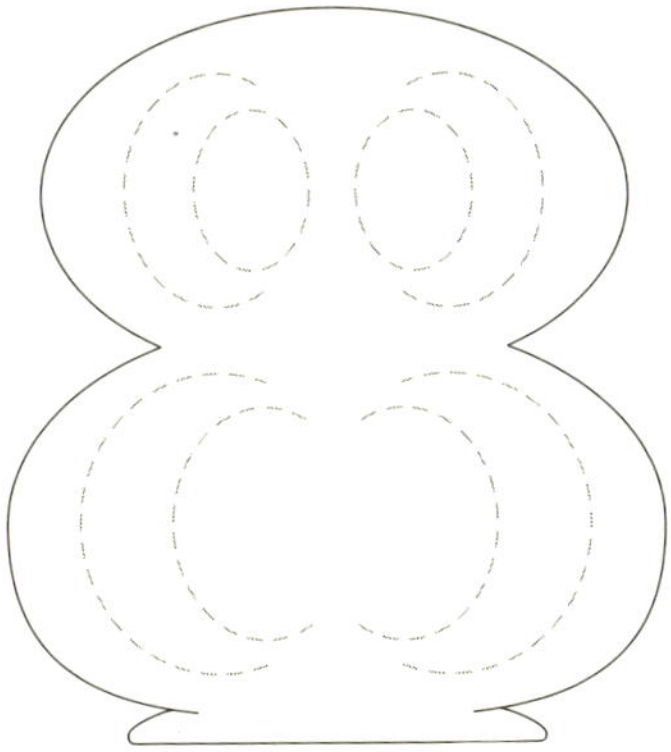

② ダルマ　人間

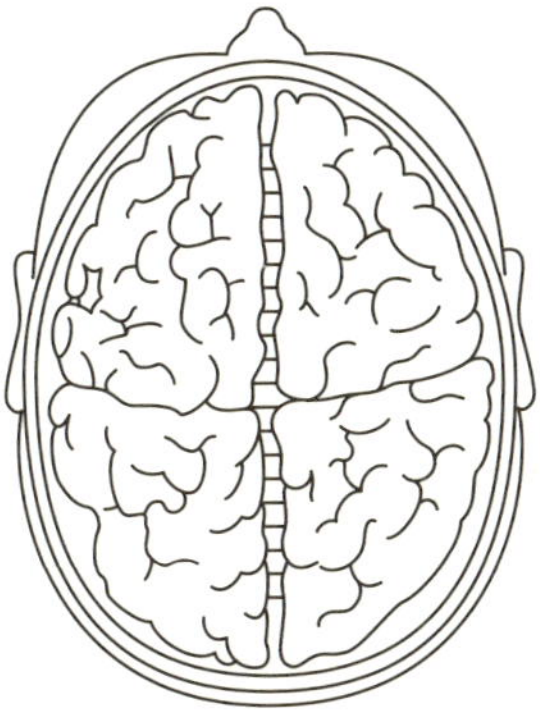

③ 人の脳

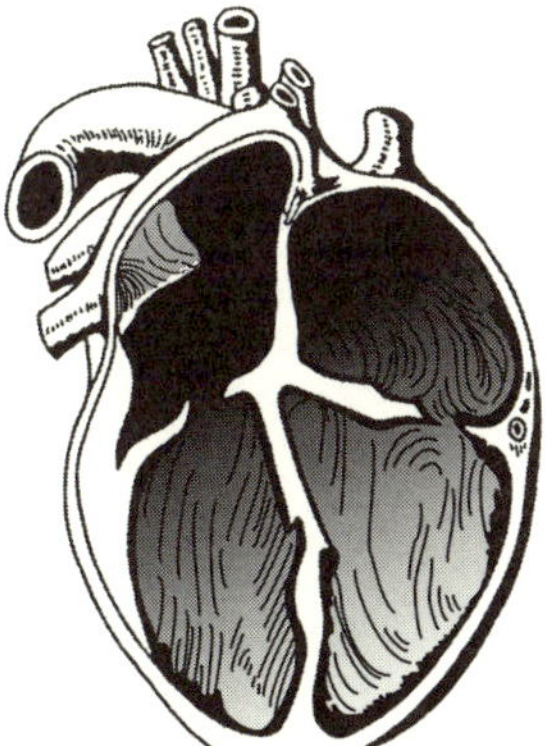

④ 人の心臓

も小宇宙の形をしているといえる。

もちろん、脳においても、右目の視界は後頭部の第一次視覚野のうち、左側に到達し、左目の視界は後頭部右側の視覚野に到達するという具合に、十字交差している。これも、大宇宙の上半身と下半身に流れる環状電流の向きの違いを反映しているためと考えることができる。

さらに、人の心臓も右心房、左心房、右心室、左心室と4つに分けられる。やはり4つの半円を持つ四極子型磁場の縮小形をしており、人の心臓も、ダルマ型宇宙の縮小形をしていると言えるのである。

これらの小宇宙――地球、人、人の大脳、人の心臓――を見る限り、宇宙を形づくる四極子型の磁場は、磁極がS、N、N、Sと縦に一直線に並んだタイプだと予想される。

磁極が縦に一直線に並んだタイプの四極子型磁場が、現実の宇宙であると考えると、人間の体の十字交差や、地球の北半球・南半球の違いともよく対応することからの推定である。

このタイプの場合、宇宙の北半球と南半球で、向きの異なる環状の電流が2本流れていれば済む。極めてスッキリした形である。

ブラックホールについて

ダルマ型宇宙に関して、言っておきたいことがある。ダルマは、人の手と足を隠した形であるだけでなく、顔に耳と口も描かれていないのが特徴である。逆に言えば、目と鼻はある。このことは重要で、特に鼻は大宇宙においても特別の意味を持つ。

これまでの展開で、ニュートンやアインシュタインの理論とは異なり、重力という力が宇宙においては意味のないものであることがわかった。実際、質量を持つゆえに引力を有するなど、地上での落下運動以外、どんな高名な学者であろうと誰一人、実験室で再現することはできないのだから当然であろう。

そんなわけで、これまで重力のせいにされてきた現象は、数多くが磁気の力による。そんな中で、たったひとつだけ特別に考えるべきものがある。それはブラックホールである。

ブラックホールは、これまでの宇宙論では、重力によって光さえも脱出できない存在とされてきた。一般相対性理論を天体に適用すると、ある一定の質量を超えた星は、自分の重力によってどこまでも押しつぶされ、ついには一点に収縮する。密度無限大、時空の曲率も無限大となるため、光さえも脱出できないとされている。

具体的に、白鳥座X―1は、互いに相手のまわりを回っているふたつの天体からなる連星系だが、見えている方の天体から見えない天体に物質が吸い込まれていると考えられ、強いX線の放出が確認されている。この見えない天体の質量は太陽の6倍以上といわれ、中性子星としては大きすぎるので、現在のところ、ブラックホールの最も有力な候補と考えられている。

こうした研究も含めて、ブラックホールはアインシュタインの一般相対性理論の重力場の方程式から導き出され、ホーキング博士がその存在を前提として理論をつくっていることから、もはや疑いのないものとして学会に定着している。

だが、何度も言うように、重力は見せかけの力であり、重力による引力が実在しないとなると、ブラックホールも実在しないということになる。

理論的には全くその通りなのだが、宇宙の鼻に当たる部分だけは違うのである。

人において、鼻の穴は、そこに吸い込まれたら、何ものも脱出できないという意味でブラックホールである。もちろん、口に吸い込まれても脱出不可能なのだが、宇宙においては、口はあってもダルマのように開かれていないと思われる。宇宙はものを食べたり、喋ったりする必要がないからで、だから口は開いておらず、鼻に相当するブラックホールがあるだけと推定される。

つまり、そこに吸い込まれたら何ものも脱出できない、光さえも脱出できないというブラックホールは、「ダルマ型宇宙の鼻の穴」として存在する。問題は、どのような力によって吸い込まれて脱出不可能となるかだが、重力ではなく、強力な磁気の力によっているものと推定される。

ちなみに、宇宙の鼻以外のブラックホールもあるかもしれないが、最も大きなブラックホールがダルマ型宇宙の鼻の穴であるとして、それが地球から見てどこにあるかを知れば、宇宙における地球の位置もわかってくる。だが、そのためには相当の証拠固めが必要なため、この問題はひとまず後回しにして、話をビッグバンの根拠となった赤方偏移と３Ｋ放射に戻したい。

原子型の宇宙

ビッグバンの根拠となった光の赤方偏移の原因は、大宇宙をドーナツ状に流れる電流による磁気力であることがわかった。この辺で、ビッグバンのもうひとつの根拠となった「宇宙背景放射」についても、その謎を解明しなければならない。

私は、宇宙は二重の構造をしていると考えている。つまり、先の環状電流による四極子型の磁場を「ダルマ型宇宙」と名づけるとすると、もうひとつ、〈原子型宇宙〉ともいうべき構造が重なり合っている。いわば「原子・ダルマ二重構造の宇宙」論である。

宇宙背景放射は、この「原子・ダルマ二重宇宙」のうち、原子型宇宙から発生しているものと推定する。

原子型宇宙とは、文字通り、宇宙の構造が「原子のかたちの超拡大形」となっているとするものである。原子の中心の原子核に相当するのは、もちろん、わが地球である。そのことを見ていきたい。

まず、原子の構造をあらためて確認すると、中心に中性子と陽子からなる原子核があり、そのまわりを電子が回っている。電子は原子核のまわりを回るに際して、特定の軌道を持つ。一個の電子しか持たない水素原子ならひとつの軌道だが、たくさんの電子を持つ原子なら複数の軌道を持つ。

各軌道に入る電子の数はそれぞれ決まっていて、一番内側の軌動（n＝1）には電子2個、内側から2番目の軌道n＝2には8個、3番目の軌道n＝3には18個、4番目のn＝

図表23　原子のイメージ
電子は原子核のまわりをまわるが、
ひとつの軌道に入れる数は決まっている。

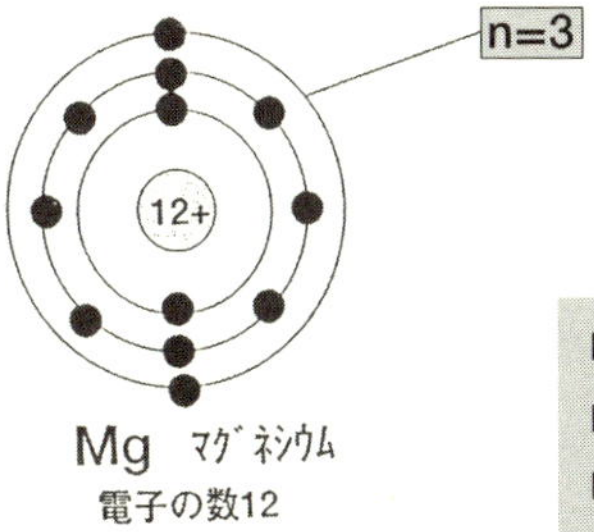

n=1 には電子 2 個まで
n=2 には電子 8 個まで
n=3 には電子 18 個まで
n=4 には電子 32 個まで

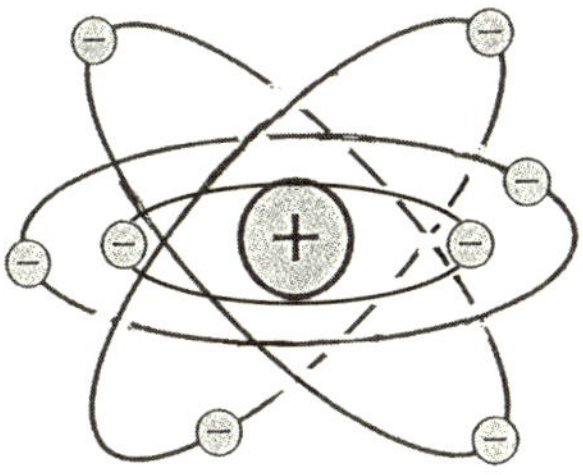

4には32個、n＝5には50個…と続く。

電子がこのような軌道をとるのは、電子が粒でもあり、波でもある性質による。電子の波としての周期が決まっており、軌道をまわるのに、その整数倍の値しか取れないことが、とびとびの軌道をとる原因となっている。

電子の軌道は、大枠として以上のようであるが、その後の研究により、ひとつの軌道には、互いにスピンの向きが異なる2個の電子しか入れないことが分かっている。つまり、先のn＝2の軌道に8個の電子というのは、厳密にはひとつの軌道ではなく、全部で4つの軌道に分かれている。ひとつは円、他の3つは楕円軌道である。これらの軌道の上を、電子は雲（電子雲という）のように回っている。

また電子は、いくつかある軌道の中でも、外側の軌道を回っているときの方がエネルギーは大きい。したがって、最外郭の電子は最もエネルギーが大きい。

以上の原子の構造をしっかり頭に叩き込んで、宇宙との対応関係を見ていきたい。

まず、宇宙が原子型をしている第1の証拠を挙げると――。

1990年にカリフォルニア大学のデヴィッド・クーらのグループが、地球の南極と北極方向について、50億光年ほどまでに存在する22等級より明るい銀河をすべてチェックした。それによると、これらの銀河は４億光年ごとに等間隔で、少なくとも14層にわたって多層構造をなしていた。

この南天と北天における驚くべき発見は、２方向だけと考える方がおかしいから、宇宙のあらゆる方向においても同じく等間隔の多層構造と想定される。従来のビッグバンやその他の理論では、どうにも説明できない、整然とした大規模なものである。

他の理論では全く説明不可能な、この多層構造も、宇宙は原子の超拡大型であるとする考えによれば、説明は容易である。

銀河の等間隔での多層構造は、ちょうど地球を原子核と見立てて、そのまわりを電子雲が等間隔で何層にもまわっている原子のようである。宇宙は、原子核を中心として電子が何層にも取り巻くように、地球を中心として、銀河が何層にも取り巻く、巨大な原子型の構造をしているのである。

原子型宇宙の第２の証拠としては、グレート・ウォールが挙げられる。

１９８９年、北天の銀河地図の中に、グレート・ウォールが発見された。グレート・ウ

図表24　グレート・ウォールとサザン・ウォール
（点は銀河を表わす）

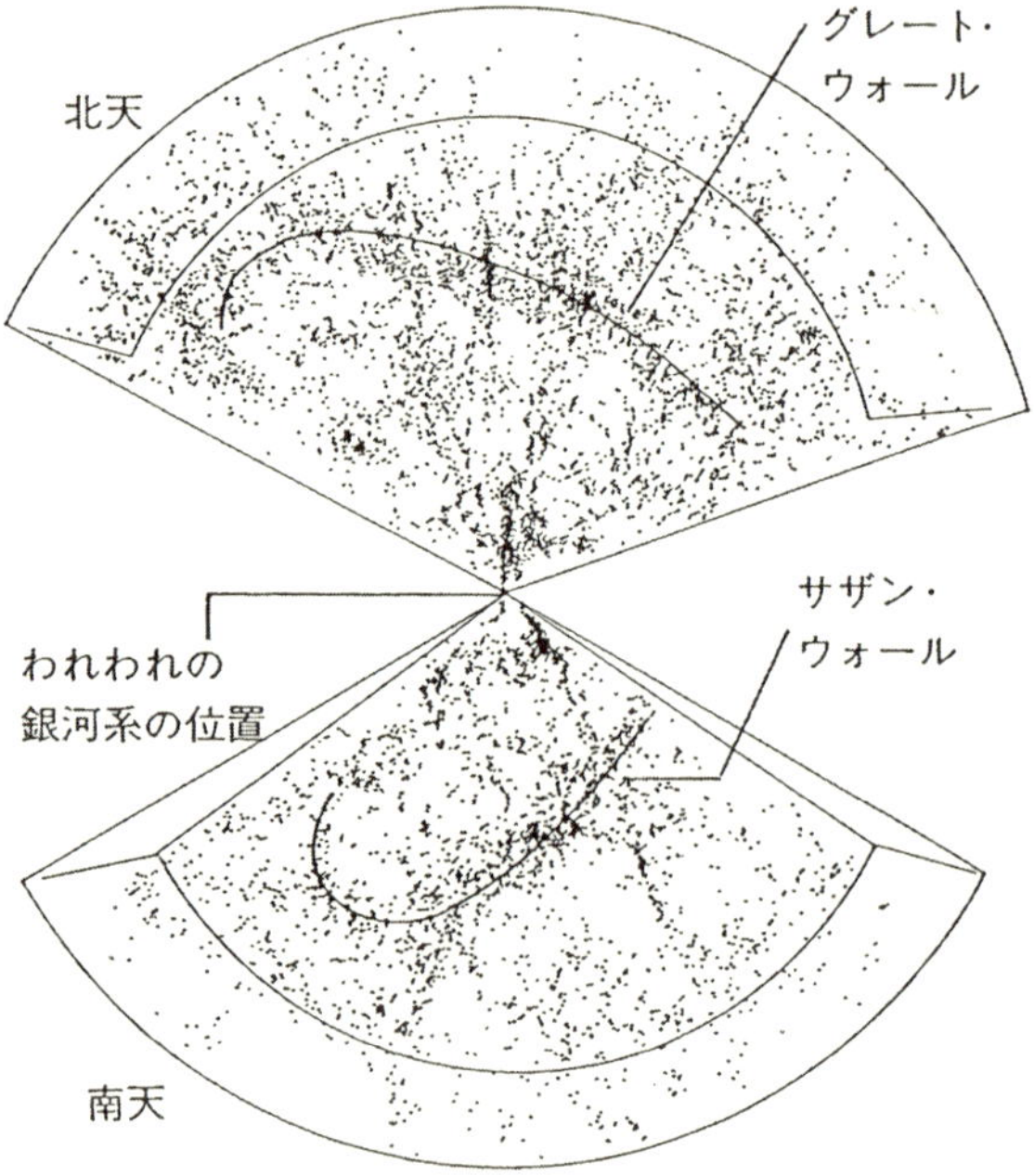

▲北天の銀河地図の中に、５億光年の長さにわたって銀河の密集したグレート・ウォールが発見され、後に南天にもよく似た構造のサザン・ウォールが発見された。これらは、宇宙が地球を中心に原子型をしている証拠である。

ォールとは、幅2億光年、厚さわずか２０００万光年、長さ5億光年を超える、銀河の密集した領域である。後に南天にも、よく似た構造のサザン・ウォールが発見されている。それらは「地球を中心に大きな楕円形の一部のような形」をしているが、これほど大きな物質分布のムラは、宇宙全体は一様であるとするビッグバン理論では全く説明できないでいる。だが宇宙は、われわれの地球を中心に〈原子型〉をしていると捉えれば、理解は容易である。

原子核を回る電子は、ほぼ正確な円軌道以外に、楕円軌道で回っている。宇宙のグレート・ウォールやサザン・ウォールは、地球を原子核として楕円軌道でまわる電子雲のような存在だと捉えられる。

このように、宇宙は地球を中心に巨大な原子型をしていると捉えて初めて、グレート・ウォールとサザン・ウォールが、なぜ地球を中心に対称的な楕円型であるのかが説明できるのである。

原子型宇宙の第３の証拠として、クエーサーがある。

地球から最も遠方の、宇宙の地平線近くにあるクエーサーは、そのエネルギーの強さの点で謎の星であるだけでなく、地球を中心に180度反対方向にも同じようなクエーサーがある。

クエーサーは、1000億個の星を擁する平均的な銀河の何万倍ものエネルギーを、何十万年にもわたって放出する。それでいて、その大きさは銀河の10万光年に比べ、1光年ほどでしかないように見える。その出力密度は銀河の1兆倍のさらに100万倍も大きい。

なぜ、このような巨大なエネルギーを持つクエーサーが、地球から最も遠方に、そして同じものが正反対の方向にあるのだろうか。

このクエーサーの存在こそ、宇宙が地球を中心に原子型の構造をしている決定的な証拠に他ならない。なぜなら、原子においては、最も外側の軌道を回る電子ほどエネルギーは大きい。また、ひとつの軌道には、2個の電子しか入れず、それらは180度反対方向にあって、逆向きの回転をしている。

クエーサーは、これら最外郭の電子の特徴を最もよく体現している。つまり、「中心から最も遠方にあってエネルギーが最も大きい。180度反対方向に同じものがある」という点である。

ついでに予言をさせていただくと、**180度反対方向のクエーサーは、おそらく逆向きの回**

図表25　クエーサー
クエーサーは宇宙の地平線近くにあるだけでなく、180度反対方向にも同じようなクエーサーがあり、宇宙が原子型をしている強力な証拠である。

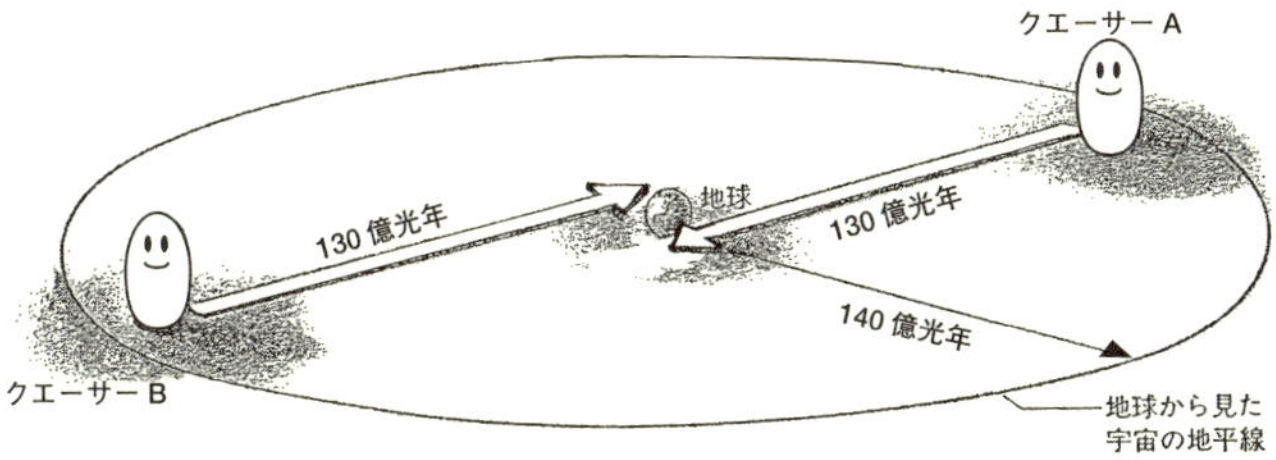

転をしているはずである。

これは、同一の軌道をまわる2個の電子が互いに逆向きの回転をしていることからの推定である。宇宙が原子型の構造をしており、クエーサーは地球を原子核とした最外郭の電子に当たるとすると、エネルギーが最も大きいだけでなく、180度反対方向にあって、電子と同じように逆向きの回転をしているはずである。

これが確認されたら、大宇宙が地球を中心に原子型をしているダメ押しの証拠となる。クエーサーを直接観測可能な立場の方は、ぜひ、指摘を真剣に受け止めて、調査していただきたい。

クエーサーの原理とプラズマ宇宙論

ところで、肝心なクエーサーの原理についてだが、これまでの定説では、クエーサーは、巨大重力によるブラックホールが強力なエネルギーを放出しているのだとされてきた。だが、先に述べたように、無重力の宇宙空間では、重力にもとづくブラックホールは存在しない。結局、その原理は「プラズマ宇宙論」ではじめて明らかにされた。

プラズマ宇宙論とは、スウェーデンのノーベル賞受賞者、ハンネス・アルヴェーン博士の唱えた学説である。詳細は、先にも紹介した『ビッグバンはなかった　上』に詳しいので、紹介させていただく。

「アルヴェーン博士は、実験室でプラズマ状態（高温の環境で、原子核と電子がばらばらに分離した状態）をつくり、そこに電圧をかけると、小さな渦巻き状の電流ができることを発見した。

その電流のまわりには円筒状の磁場ができ、その磁場が同じ方向の他の電流を引き寄せる。小さな電流の糸（フィラメント）は互いに身を寄せ合う（ピンチ）傾向があり、その際にプラズマを引き寄せる。収束した電流の糸はねじれてプラズマの綱となる。この現象は、排水口に向かって集まる水が渦となるのとよく似ている。

アルヴェーン博士とその仲間の小グループは、プラズマの実験研究で得た概念を、まず太陽系に応用した。彼は宇宙線、太陽のフレア（太陽面爆発現象）とプロミネンス（太陽面で明るく輝く紅炎）など、宇宙空間はプラズマ・フィラメントで満たされ、電流と磁場のネットワークでいっぱいであると主張した。

1960年代後半、宇宙探査体は、電流のフィラメントが地球の近傍に確かにあること、

図表26　電流はその周りに磁場をつくりだす。一方、磁場は電流を曲げる。この効果のためにプラズマ中の平行な電流はたがいに引き合い、ねじれてプラズマ渦のフィラメントになる。

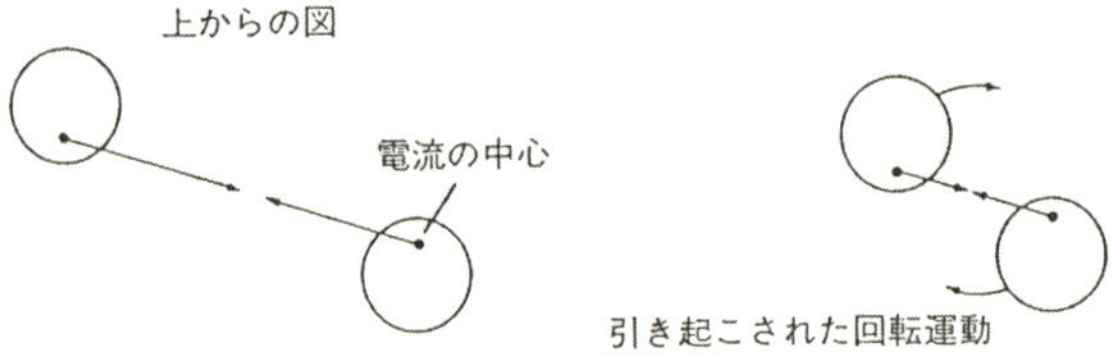

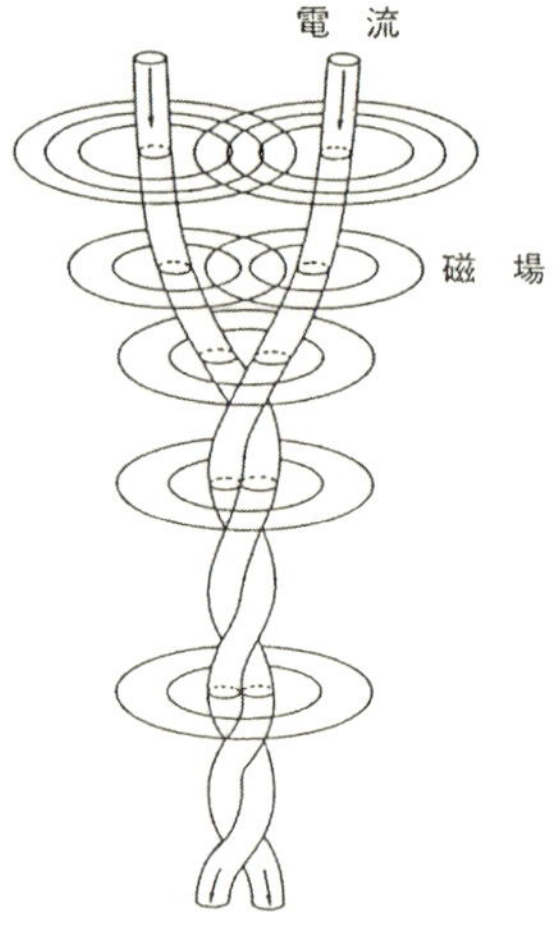

（出典『ビッグバンはなかった　下』河出書房新社刊）

地球磁場に沿って電流が流れ、大気にぶつかるときにオーロラをつくっていることを確認した。後に、木星、土星、天王星の周囲で、同じような電流とフィラメントを検出し、アルヴェーン博士の理論は裏付けられたのである。

次の段階として、アルヴェーン博士は、銀河の中心核で起きている猛烈なエネルギー噴射とクエーサーの原理について、新しい説明をした。従来はいずれも、強力な重力によるブラックホールが原因であるとされてきた。

銀河間空間の磁場で自転している銀河は、電気を生じる。これは、磁場の中で運動して電気を生じる発電機の原理と同じである。銀河から生じた大きな電流は、銀河の中心に向かって巨大なフィラメントの螺旋となって流れ、そこで向きを変え、自転軸に沿って流れ出す。この銀河電流はやがてショートし、大量のエネルギーを銀河の核に注ぎ入れる。銀河の核に強大な電場がつくられ、電子とイオンの強力な噴流を、回転軸に沿って外向きに加速する。クエーサーの原理もまったく同じである。

その後、アルヴェーン博士の教え子のトニー・ペラットは、１９７９年、アルヴェーンの理論を確認するコンピュータ・シミュレーションを行った。

モデルの中に厚さ10万光年の電流を2本設定し、それを近づけると、結果は劇的だった。

図表27の１　トニー・ペラットは、コンピュータ・シミュレーションで空間に厚さ10万光年の２本の電流を設定し、それを近づけると、観測される銀河のほとんどの種類が画面上に浮かび上がった。

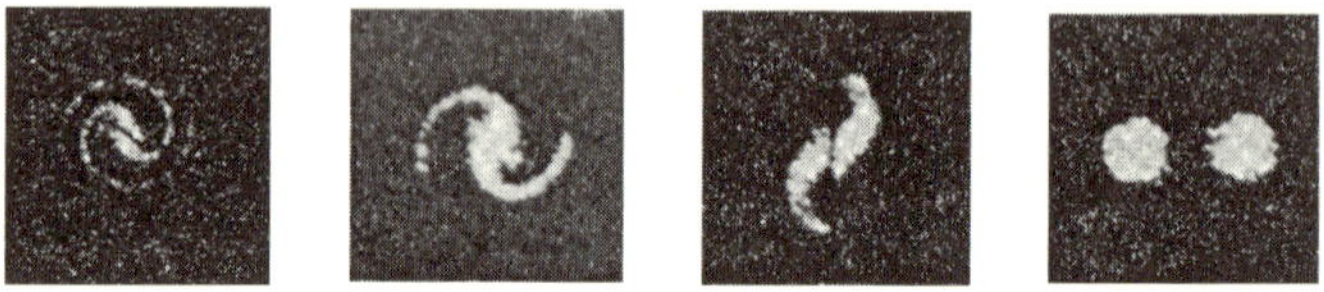

（出典『ビッグバンはなかった　上』河出書房新社刊）

図表27の２　銀河発電機

銀河から生じた電流は渦巻きの腕に沿って中心に向かい、猛烈に噴射する。クエーサーも同じ原理。

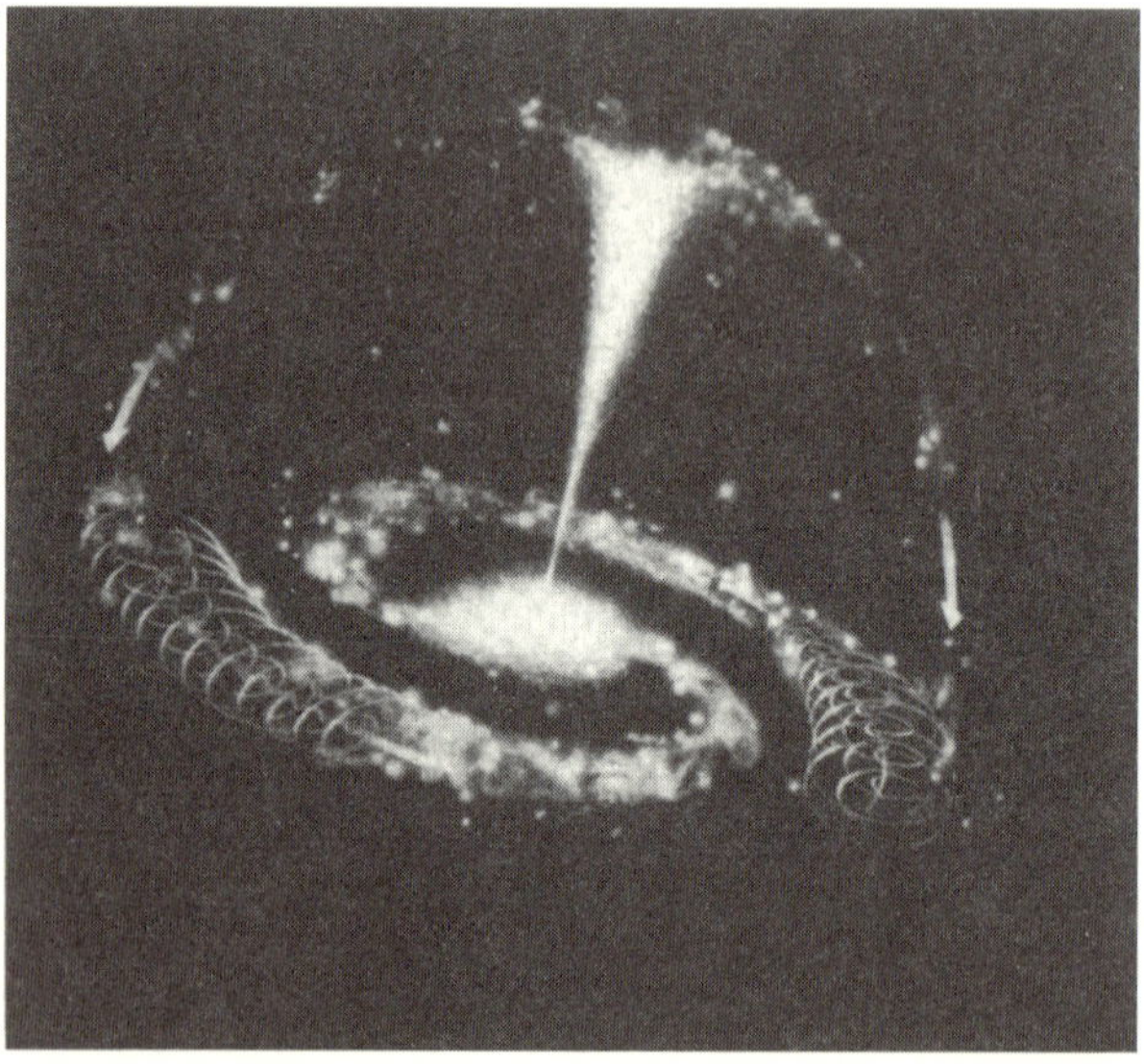

（出典『ビッグバンはなかった　上』河出書房新社刊）

2本のフィラメントは融合し、渦巻き銀河の優美な形をつくったのである。アルヴェーン博士が予測したように、電流は細いフィラメントに沿って銀河核に向かって流れ、そこから強烈に噴射していた。クエーサーと銀河の中心核での猛烈なエネルギー噴射の原因が、重力によるのではなく、電磁気的なプラズマ現象であることが立証されたのである。

その他にも、ペラットのシミュレーションと実際の渦巻き状の銀河の形態は、ほとんどすべて一致した」〈P70～80を要約〉

これまでクエーサーや銀河中心核でのジェット噴射は、重力によるブラックホールであるとされてきたが、そうではなく、いずれもプラズマ宇宙論でいうところの「銀河発電機」により、膨大なエネルギーを生み出していると捉えるのが正しい。ちなみに本書で展開した「ダルマ型宇宙」をつくる環状電流も、プラズマ宇宙論の成果を前提としている。

宇宙背景放射の真の原因

以上が〈原子型宇宙〉の根拠である。この仮説が正しいものとして論を進めると、宇宙背景放射は、この原子型宇宙からもたらされていると考える。

地球は銀河によって、4億光年ごとに、等間隔で14層以上にもわたって取り巻かれている。すべての原子や分子が特定の電磁波を放出しているように、それらの銀河も外部に対して電磁波を放出しているものと思われる。

特に、多種多様な分子や原子からの自然放出の電磁波は、宇宙背景放射のようにプランク分布になりやすい。また、宇宙背景放射は波長2ミリメートルほどのマイクロ波であるが、これは分子の回転運動から得られやすい。

こうした性質と、地球を4億光年ごとに取り囲む銀河が全方向に一様に存在していることを考えると、宇宙背景放射の発生原因は、地球を4億光年ごとに取り囲む銀河であると推定する。それゆえにプランク分布をなし、波長2ミリメートルほどのマイクロ波となり、全方向において一様であると考えるのである。

この仮説は、原子核のまわりを回る電子は、中心の原子核でキャッチできるほどの電磁波を出し続けているのではないかとの推理から構築した。そうでなければ、中心の原子核にとっては、周辺を電子が回っていることをなんら認識できないからである。つまり、原子核と電子は、電気的に引き合っているだけでなく、電磁波によってもつながっていると考えるわけである。

図表28　宇宙背景放射は、図のようにピークが左に寄った山なりの形で、これをプランク分布という。

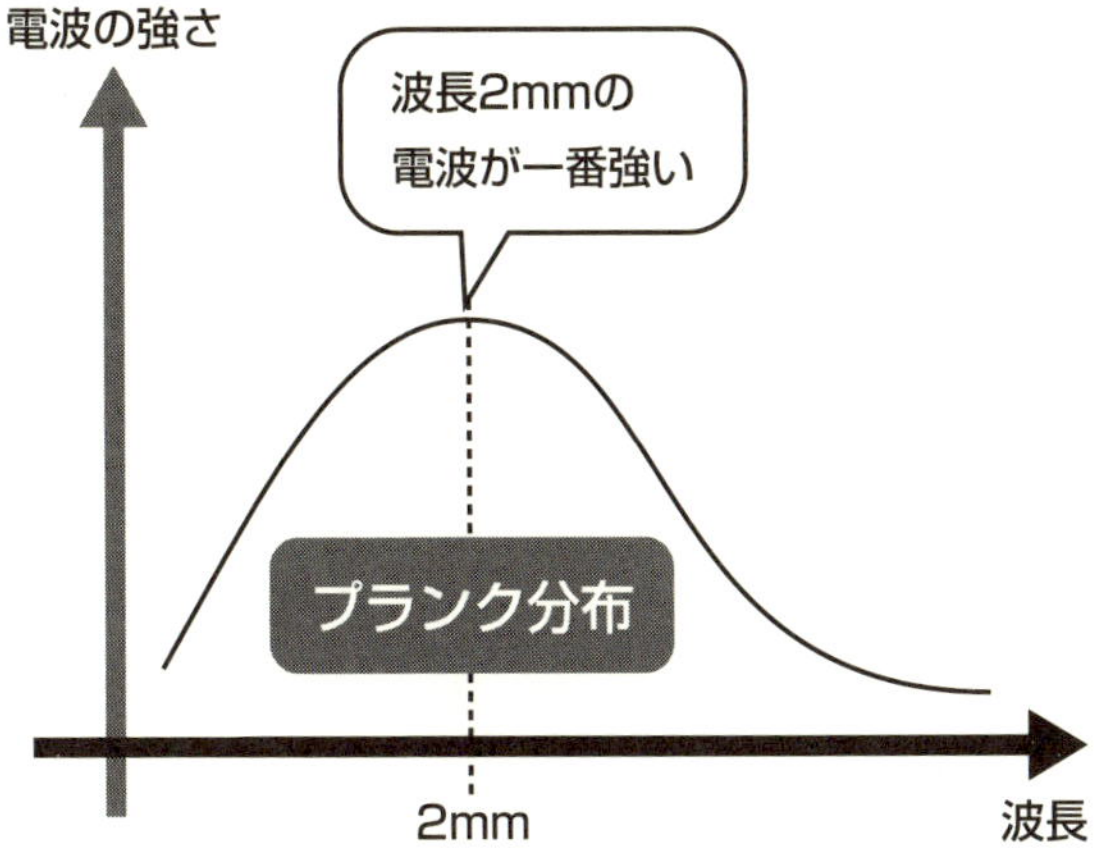

現実には、原子核を回る電子は、電磁波を出し続けると、エネルギーを失ってしまう。だが、宇宙においては、磁場で回転する銀河が発電機の役割をしてエネルギーを供給する。ゆえに絶えることなく、一様な電磁波を出し続けていると考えられるのである。

ビッグバン説では、宇宙の大規模構造をまったく説明できないため、架空のダークマターを持ち出している。観測される3K放射があまりにも滑らかすぎるためだが、宇宙が地球を中心に原子型をしているとすると、問題は解決する。全方向で一様、滑らかな3K放射の存在と、クエーサーやグレート・ウォール、4億光年ごとの何層にもわたる銀河などは、何ら矛盾することはない。かえって整然と説明できるわけである。

つまり、宇宙背景放射は、ビッグバンを原因とするのではなく、宇宙が地球を中心に原子型をしていることによって生じていると考えられる。

ダルマ型宇宙と原子型宇宙の重なり

ところで、先のダルマ型宇宙と原子型宇宙とは、どのように重なっているのであろうか。宇宙が二重の構造を持つといった場合、その関わりについても述べておかなければならない。

次ページの図表29はイメージであるが、宇宙は、四極子型の磁場であるダルマ型宇宙を中心に、その上半身または下半身を構成する球体のひとつが、地球を中心に原子型をしているものと思われる。このような重なりをすることによって、ダルマ型宇宙と原子型宇宙は矛盾なく同居できる。

これ以外の形、たとえば地球がダルマ型宇宙全体の中心近くにあるとすると、原子型宇宙であることによって見える４億光年ごと14層以上の銀河の光は、ダルマ型宇宙の磁力線に曲げられて、等間隔であるようには見えてこない。

また、地球がダルマ型宇宙のどこか端の方にあるとすると、地球から最も遠いクエーサーは、ダルマ型宇宙からはみ出してしまう。

そういった点を考えると、地球を中心とする原子型宇宙は、宇宙全体であるダルマ型の上半身・下半身のふたつの球体のうち、ひとつの球体と重なり合っているとみるのが妥当だろう。これが「原子・ダルマ二重宇宙」の全体像である。

当然、地球は一方の球体のほぼ中心に位置するが、厳密に中心かというとどうだろうか？

地球は太陽を中心として回り、太陽系は全体としてわが銀河の中心からズレていること

図表29　原子型宇宙は、ダルマ型宇宙のふたつの球体のうち、ひとつの球体と重なり合っている。

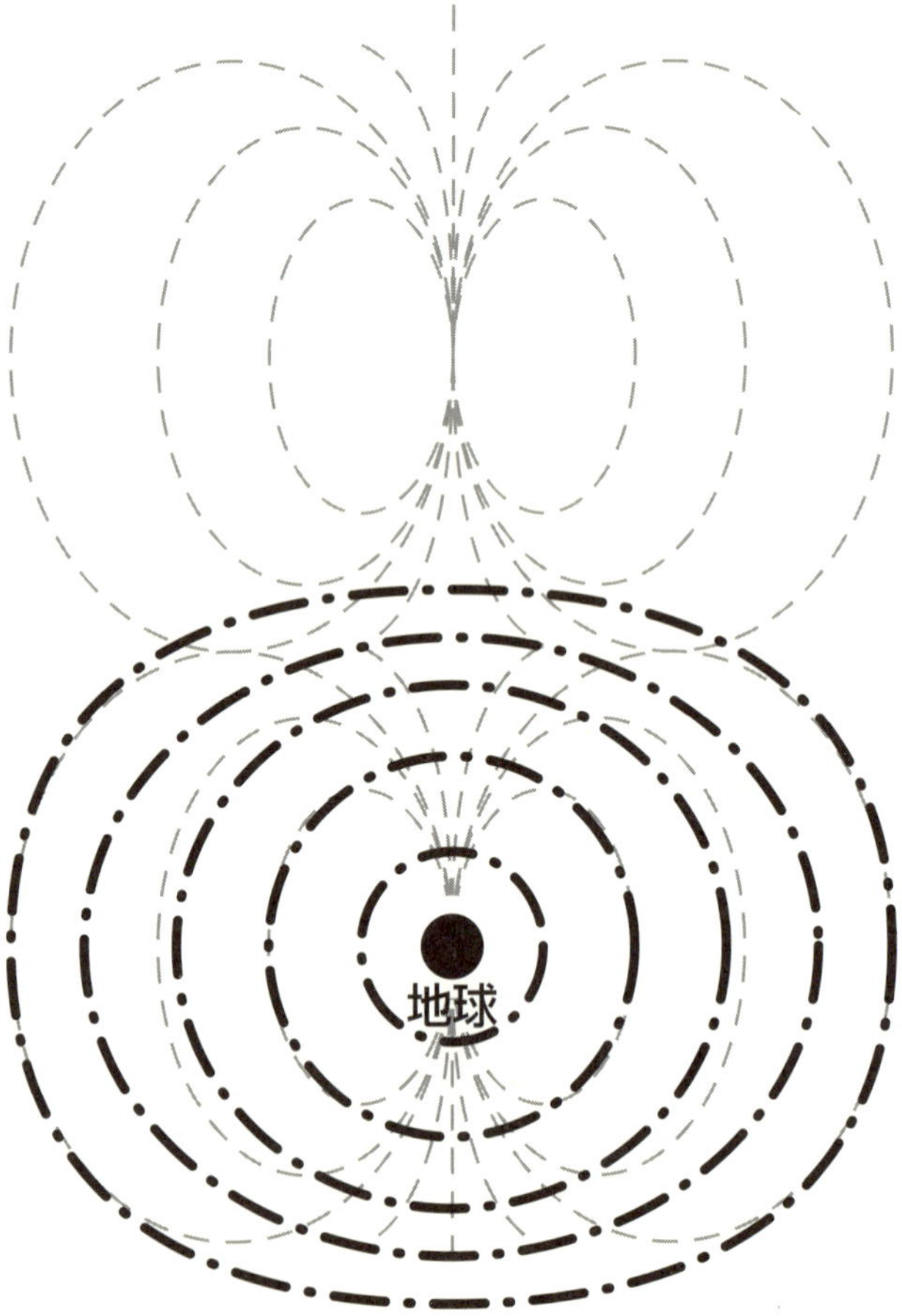

を考えると、宇宙における地球の位置は、一方の球体の厳密な中心から、多少、ズレているものと考えられる。地球の磁極でさえ、地球の自転軸とはズレているのだから。

宇宙の大きさ

ちなみに、このようにダルマ型宇宙と原子型宇宙が重なっているとすると――後述する「地球と銀河の大移動」もあり、これ以外には考えられないのだが――宇宙全体の大きさを推定するのは、そう難しくない。

宇宙全体の大きさを推定するひとつの方法は、クエーサーの距離を基準にする方法である。

今、仮に地球がダルマ型宇宙の南半球の中心近くにあるとして、観測される最も遠方のクエーサーまでの距離は139億光年である。この距離は、環状電流のもたらす磁力線によって大きく曲げられた結果である。

宇宙は4極子型の磁場のため、磁力線の描く円は、完全な円と比べて、多少、横に押しつぶされた形であり、それを加味（115％）すると、クエーサーまでの直線距離は、約102億光年と見積もられる。この数値が、ダルマ型宇宙の一方の円球の半径距離であり、南半球全体の直径は、その倍の約204億光年となる。

ダルマ型宇宙は、原子型宇宙より大きく、天地（上下）の距離は、横幅の約1.6〜1.8倍あるものと推定される。2倍に至らないのは、4極子型の磁場のため、磁力線の描く上下のふたつの円球が、多少、押しつぶされた形となるからである。このように計算すると、宇宙全体では、幅は約204億光年、天地の距離は346億光年ほどの膨大なものとなる。

これらは、あくまでクエーサーまでの距離が最長約139億光年としての計算である。その前提が違ってくれば計算も異なるが、皆さんもぜひ、宇宙の大きさを計算してみてほしい。

地球の大移動

ついでに、ダルマ型宇宙の中で、地球がどちらの球体の中にいるか予測してみたい。この予測は、大宇宙の重要な仕組みを包含するものである。ウソかマコトか、紹介させていただこう。

宇宙での地球の位置を明らかにするにあたっては、地球を含む銀河は、大移動の最中であることをまず知らなければならない。

図表30　銀河が宇宙の中で移動すると、進行方向の背景放射は青方偏移、後方の背景放射は赤方偏移をする。

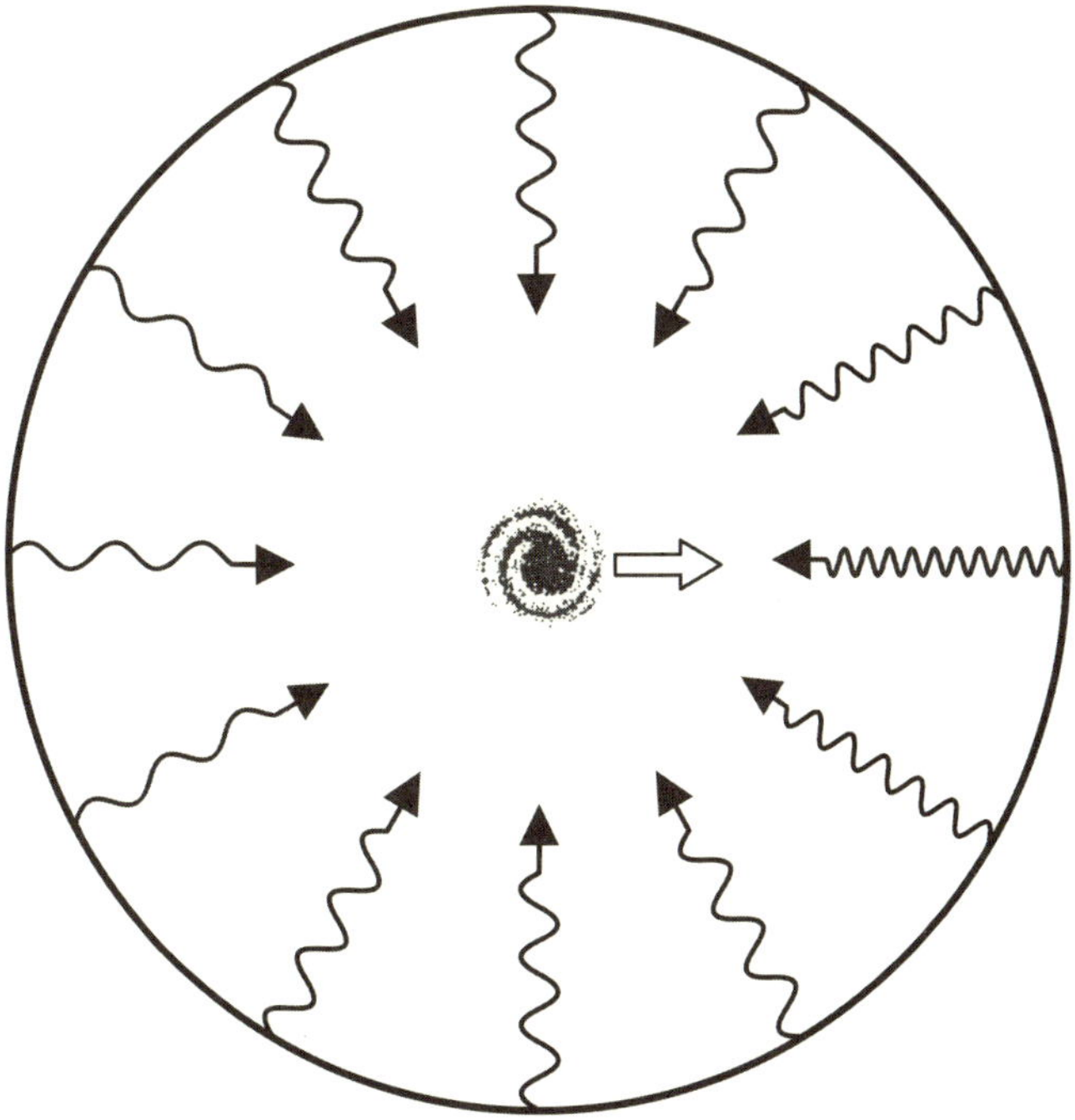

1975年、地球のある銀河が高速で移動しているという事実を最初に指摘したのは、カーネギー研究所のヴェラ・ルービンとケント・フォードであった。

彼らは、地球からほぼ等距離にある遠方の銀河の赤方偏移の大きさを調べた結果、一方の側に見える銀河が、もう一方の銀河より大きな速度で一様に地球から遠ざかっているらしい、という結論を得た。

宇宙の膨張が地球を中心にいびつに進行しているということはあり得ないから、この事実が意味するのは、われわれの銀河のほうが宇宙全体に対して高速で移動している、ということである。そしてルービンらは、その速度を秒速500キロと計算した。

この発見は、当初放っておかれたが、今度は1977年、プリンストン大学のデイル・フィクセンらが、違った方法でわれわれの属する銀河の移動速度を測る手段を考えた。それは、宇宙のあらゆる方向から一様に来る宇宙背景放射を利用した方法である。

もし地球の銀河が宇宙全体の中で移動しているなら、その移動方向に対して、前方の3K放射は波長が短くなって青方偏移をする。一方、後方の3K放射は波長が長くなって赤方偏移をするはずである。

その観点から全方向の3K放射の波長分布を調査した結果、確かに3K放射の波長は

図表31　秒速600キロの銀河の大移動

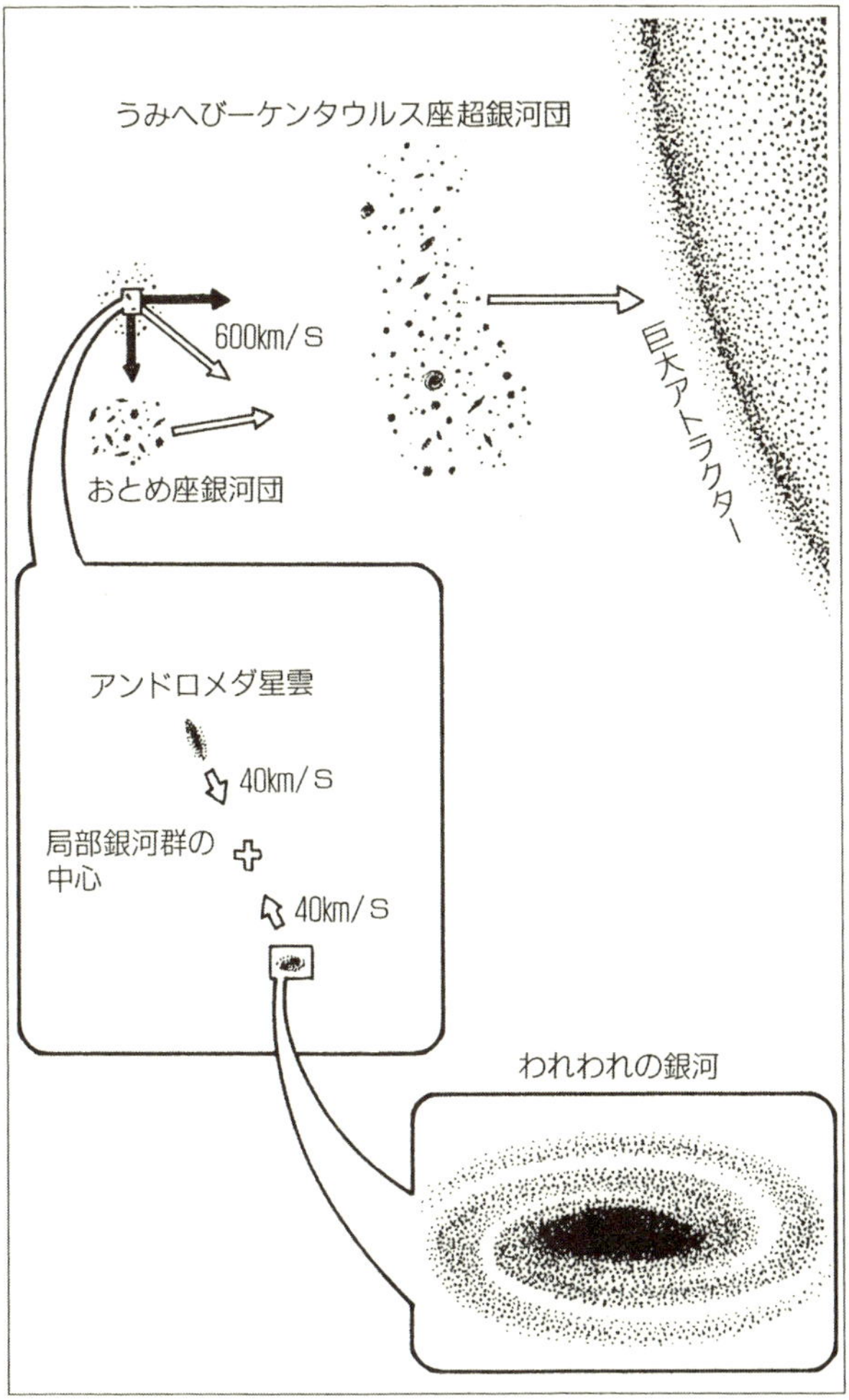

0.01%ほどの差で、はっきり2極方向に偏移を示していたのである。この数値は、地球の自転や公転、銀河の回転などを差し引いた結果であった。このため、地球の銀河は周囲の局部銀河群もろとも、最初のルービンらの計測に近い、秒速600キロで高速移動していることが明らかとなった。

驚いた研究者たちは、真剣になって周辺の銀河の固有運動を調べ始めた。その結果明らかになったことは、われわれの銀河を含む局部銀河群だけでなく、宇宙全体において、きわめて大規模な移動が行われているということであった。

われわれの銀河は、秒速600キロで、約6000万光年離れたおとめ座銀河団と、約1億2000万光年離れたうみへび—ケンタウルス座超銀河団の間の方向へ向かっている。そして、おとめ座銀河団やうみへび—ケンタウルス座超銀河団、さらにはこの超銀河団とほぼ同じ距離(地球から1億2000万光年前後)で、約50度離れた方向にあるくじゃく—インディアン座超銀河団も、同じひとつの方向に向かって高速で移動していたのである。

大移動は宇宙の出産

このように天体の大移動が起こっていることは、すでに何人もの研究者が確認しており、もはや疑いがないといっていいだろう。まさに驚異の動きであるが、何故、宇宙の中でこのような大移動が起こっているのだろうか？

この大移動は、ビッグバン理論だけでなく、これまでのどの理論をもってしても説明できない。大宇宙の歴史の中でもかつてなかった、前代未聞の驚異の動きであるが、われわれは、この宇宙の大移動の意味を知る必要がある。

ここで、私自身がこれまでに知った情報にもとづいてこの意味を解き明かすと、現在は「宇宙の出産」の時期にあたるようである。

宇宙の出産とはどういうことかを知るには、日本神話で語られてきた内容のうち、「岩戸閉め」を理解する必要がある。

ここまで進んで、なぜ突然日本神話かと思われるかもしれないが、今後、本書において、「神」がしばしば出てこざるを得ない。

なぜかというと、この宇宙は自然発生や偶然の力でできたわけではないからである。宇宙を含めて、この世に「全くの偶然」はないわけで、偶然と思えることでも、そこに創造者の意思が働いている。――うそだと思うなら、これまで本書で指摘した宇宙論の歴史を振り返っていただきたい。
たとえばアインシュタインは、太陽のそばを通る星の光は重力によって曲がると予言して、その角度までピタリと的中させた。重力には光を曲げる力など全く無い。曲がる原因は明らかに違うのに、なぜ重力によって曲がると予言をし、角度までピタリと的中させることができたのであろうか。——これらが偶然に起きるという可能性は100万分の1もない。まさに奇跡であって、そこには神の意思が働いているというべきである。

また、ひとつの星が3つにも4つにも見える重力レンズ効果も、アインシュタインの一般相対性理論の発表後、すぐに何人かの学者が予言した。1979年になって発見されたが、この的中がさらにアインシュタインの名声を高める一因ともなった。
光は重力で曲がって複数に見えるわけではなく、磁気で曲がる。それなのに、なぜ重力で曲がると予言され、それが的中したのだろうか。——これも偶然で起きる可能性は全くない。

本書で批判してきたビッグバン理論にしても、前提となる「膨張する宇宙」は、ハッブルが光の赤方偏移を発見する前に、アインシュタインの方程式を解いたフリードマンによって事前に予言されていた。だからビッグバン説は最初から約半数の学者の支持を得ることができた。

宇宙は膨張などしていないのに、その予言と光の赤方偏移の発見のタイミングが、あまりにもピタリと合致しすぎる。これも奇跡というべきだが、なぜ何度も奇跡が続くのか。

——そこに「明らかな意図、計画性」を感じないだろうか？

そして、ビッグバン理論が大多数の支持を得たのは、ガモフが宇宙背景放射の存在を事前に予言し、的中させたからである。——宇宙背景放射は全く別の原因で発生しているのに、この予言と的中もあまりにもタイミングがよく、できすぎな感さえある。

さらに、宇宙背景放射を初めて発見したペンジャスとウィルソンは、最初、観測される電波雑音の原因がまったくわからず、プリンストン大学のディッケ博士に相談を持ち込んだ。このために宇宙背景放射が判明した。当時は、ビッグバン理論はほとんど忘れられつつあったが、たまたま持ち込まれたディッケ博士は、独自にビッグバンの超高温時の残留放射が宇宙にあると予言的に考えて研究したことがあり、ペンジャスらの観測した電波雑音は、その的中であると即時に判断された。

——この判明の経緯も偶然にしてはできすぎである。もはや奇跡を通り越し、ビッグバンを人々に信じさせようという「強力な意思」をすら感じる。

これまでの宇宙論の中で、ビッグバン理論やアインシュタインの重力理論が多数派であり、主流派であったのは、まさに、このように「体系的な理論を前提とした予言が次々と連続して的中」してきたからであった。

まったく、これら宇宙論での大規模かつ巧妙な「引っかけ」には驚くばかりで、根本的には間違っている理論も、事前に予言され、連続して的中すれば、大多数の人々にとっては真実であると推定され、支持を得る。

振り返って冷静に理論を検証すれば間違いなのは明らかであるのに、これらの意図的な、連続した予言と的中は、一体、誰の力によって為されたのか?

1度だけなら偶然だと言えても、2度、3度となると偶然や奇跡はありえない。予言をした人間の存在を含めて「宇宙全体が神の掌《てのひら》の内にある」というしかないのではなかろうか。

また、アインシュタイン仮説やビッグバン理論だけでなく、ニュートンの万有引力の計算式にしてからが偶然の一致では起こりえない。

宇宙は無重力の空間であり、無重力の空間を経由して引力が働くことはありえない。それなのに、それまで太陽系の一番外側を回っているとされた天王星が、別の惑星の引力を受けているとして、ニュートンの引力計算式によって海王星の存在は予言され、１８４６年に発見された。

さらに、海王星自身が未知の星の引力を受けているとして、やはりニュートンの引力計算式をもとに謎の星の探求が行われ、１９３０年に冥王星が発見された。これらにより、ニュートンの評価はさらに絶対的なものとなったが、この予言と的中は誰のおかげなのか。

宇宙の無重力空間を経て引力が働くことはありえないのに、あたかもニュートンの万有引力の法則が正しいかのように、数多くの惑星が運行する。

もしニュートンの計算式がなかったら、人類は月へロケットを飛ばすことも、宇宙船や人工衛星を飛ばすこともできなかった。つまり、宇宙探索や宇宙利用、宇宙論の進歩はなかったわけである。

それを考えると、誰か、宇宙の神が惑星の運行をひとつの計算式で統一的に計算できるよう設定し、日常的に管理しているとは思えないだろうか。

これらを考えあわせると、宇宙全体を貫く強力な意思を持った「創造者兼管理者」が実在すると言わざるをえない。その宇宙の創造者兼管理者を称して、「大宇宙神」というのである。

宇宙の人間原理

大宇宙神の存在は、「宇宙の人間原理」という観点からも、その存在を証明できる。これは、天文学や宇宙物理学を研究する最先端の人々の間で語られているものだが、宇宙の進化が、われわれの前に今広がっているような自然界をつくり出していなかったら、われわれ人類は存在していなかった。

たとえば、太陽系において、金星は太陽から近すぎるために海が蒸発したし、火星は太陽から遠すぎるために、海は地下に永久凍土として凍ってしまった。一方、地球は、太陽から適切な距離にあったために、これまで海を保つことができてきた。

そして、地球が1日1回の自転を為すおかげで、地上の生命に昼と夜とが与えられ、自転軸が傾いて太陽の回りを公転するために、季節が与えられている。また、地球の磁力線は太陽や宇宙からの有害な放射線を防いでおり、これがなければ、地上の生物は重大な被害を受けていたであろう。

これらも奇跡に近いことだ。他の星は1日1回の自転すらしていないのである。

さらに奇跡的なのは、1977年、探査機ボイジャー1号が、太陽系と宇宙空間を隔てるヘリオポーズと呼ばれる壁を発見したことである。この壁は、太陽から発せられる高エネルギー粒子と星間物質の衝突によって生まれ、繭のように太陽系全体を包んで地球と生命を守ってきたという。もしこの壁がなければ、星の爆発などによる強い銀河宇宙線によって、地球は人類の存続が危ぶまれるほどに傷ついていたであろう。

もちろん、ミクロのレベルでも奇跡は多く、たとえば電子と陽子を結合させる電磁気的相互作用の力が現在とほんの少し違っていたら、われわれが知っているような元素がつくられなかった可能性が非常に高い。

地上の生命は、生命をつくる炭素原子がたくさんの手を持っているおかげで様々な分子を構成できているが、相互作用が弱ければ、陽子と電子が結びついて原子をつくることさえ困難だったのである。さらに言えば、地球と宇宙のすべての生命と物質が、電子、陽子、中性子のたった3つの構成要素で成り立っているということ自体、驚き以外の何物でもない。

その他もろもろ、地球自身が「奇跡の星」と呼ばれるように、数々の奇跡の上に地球上の生命、人類が成り立っている。そうした事実をかえりみたとき、地球に人類が生存しているのは、単なる偶然の積み重ねではなく、生命が存在できるように、前もって定められたデザイン原理があったのではないかという疑問が湧いてくる。

さらに進んで、宇宙には、人間のような「進化する知的生命」を生み出す必然性・計画性があったのではないかという推理が働く。これを「宇宙の人間原理」という。

実際、宇宙の創造者にして日常の管理者たる大宇宙神がどれほど優れているとしても、そのような神の卓越性やスケールの大きさを外部から認識する、神以外の存在がいなければ、神の苦労が正当に評価されることはない。

神の働きの偉大さを知って、驚愕し、賞賛し、感謝し、敬愛する存在が神にとっては必要であった。そのために、「ヨチヨチ歩きから始まって大宇宙を認識するまでに成長し、進化する人間という存在」をつくったと考えるのである。その驚きは、アインシュタインのいうように、「不思議なのは、宇宙のチリのような存在の人間が、宇宙を理解できるということである」という言葉に凝縮される。

それでも、まだ「私は神など信じない。宇宙は自然発生で、無から偶然にできた。神は人間が観念でつくり出したものだ」という人に訊ねたい。

地球を取り巻く、４億光年ごと14層以上の銀河の階層構造にしろ、130億光年かなたのクエーサーにしろ、宇宙のもので偶然や自然発生でできたものが、何かひとつでもあるだろうか？

あるいは、太陽や地球や他の惑星の運行を、日々、日常的に管理する者が誰もいなくとも、現在の地球の動きなどを１日でも維持できると思うのであろうか。

ニュートンは、ある時太陽系全体の模型をつくり、友人の学者から「ずいぶん複雑で、精巧なものをつくったね」と誉められた。が、それに対し「いや、私はただ模型をつくっただけさ。この複雑で精巧な動きの太陽系をつくったのは神様だよ」と答えている。

また、アインシュタインが新たな学説を前にした時には、つねに「自分が神であったら、宇宙をその学説のようにつくったであろうか」と自問したという。

われわれ人類は、宇宙や生命の一部を知っていても、その創造の過程や全体像をまだまだ知りえていない。いわば無知の状態のまま、「宇宙も人間も自然発生で偶然にできた。神などいない」と言っているに過ぎない。

だが、人類の誕生に関して言えば、「突然変異→自然淘汰」という進化論は、もはや先端の科学者には信じられていない。魚はいつまで経っても魚のままで、陸に上がることは永遠にない。サルもいつまで経ってもサルのままで、何代たっても人間になることは永久にない。つまり、生物には環境適応の微小進化はあっても、生物種を超えるような大進化はなかったということがはっきりしてきたのである。

それだけでなく、最先端の科学で遺伝子情報を分析するにつれて、驚くほど機能的な存在である生命は、何らかの設計者の存在なしではありえない、とする考えが有力となっている。生命現象が桁外れて複雑でありながら、結果として整然としているためである。

このように、生命や宇宙の神秘を知るにつれ、その奥底に「神＝創造者」の存在を前提とせざるを得なくなっているのが、現代の最先端の科学だといえる。

これら宇宙論の歴史と宇宙の構造、人類の進化・成長を知るにつけ、そこに明らかに創造者の意思と統一性を感じざるを得ない。だからこそ、その「創造者兼管理者」を称して「大宇宙神」というのである。

日月神示と火水伝文

さて、地球を含む銀河の大移動「宇宙の出産」の話に戻ろう。

神の仕組み、創造のプロセスを理解するには、日本神話の解釈がカギを握る。なぜ日本神話かと思われるかもしれないが、日本神話は、本来、宇宙の創世と世界の創世についても語る、いわば世界神話だからだと言っておこう。

――ただし、『古事記』などの文献は書き換えられており、その点を補える「解釈本」が別に必要となる。

その日本神話の解釈本の中で、戦前の大本教の流れを汲む岡本天命氏に１９４４年から自動書記（本人の意思によらず、手が勝手に動き出して文字を書くこと）された『日月神示《ヒツキシンジ》』と、１９９１年から我空徳生氏が自動書記した『火水伝文《ヒミツタエフミ》』のふたつが特筆に値する。

この二書は、『古事記』や『日本書紀』など、ある意図によって書き換えられた神話の部分を補うだけでなく、日本神話の秘密をも明らかにしている。以下は、その両書を参考に解説するものである。

『古事記』には、イザナギはイザナミと大喧嘩になって黄泉《よみ》の国から逃げ帰り、清流で禊《みそぎ》はらえをして、天照大御神《あまてらすおおみかみ》、月読命《つくよみのみこと》、須佐之男命の三貴神を生んだ。その前に、イザナミの追手をさえぎり、イザナミに離縁を宣言するのに、イザナギは黄泉比良坂《よもつひらさか》というところにおいて千引《ちびき》の岩（大岩）でそこをふさいだ、とある。

『日月神示』と『火水伝文』によれば、じつは、これが最初の岩戸閉めで、イザナギは岩戸で閉めて黄泉の国をふさいだつもりだったが、実際は、自らを神の子宮内に閉じ込め、その子宮内でアマテラスやツクヨミ、スサノオを生んだというのである。

この解釈で行けば、その後のアマテラスやスサノオの行動、ならびにオオクニヌシによる国譲りの話などは、すべて神の子宮の中での出来事だったことになる。

同時に、日本神話の系譜のもとにあるわれわれ人類は、つい最近まで、神たる大宇宙の子宮の中に「岩戸閉め」された状態だった。その岩戸が解き放たれ、「元の大神による出産」に向かっているのが現代であるという。

『日月神示』や『火水伝文』は、歴史や神々の仕組みについて、驚愕の新事実を色々と教えてくれるが、「イザナギによる岩戸閉めの意味」、「元の大神による出産」は、『火水伝文』

によって初めて明らかにされたものだった。

人間も出産となれば、それまで子宮の中にいた胎児が母親の長い産道を通り抜けて出てくる。それと同じように、地球を含む銀河が、それまで胎児として宇宙の子宮の中にあった状態から、宇宙の産道を通り抜けて出てくる。その産道の長い通り抜けが、1975年、ヴィラ・ルービンらによって発見された、われわれの地球を含む銀河の大移動なのである。

まさに驚くべき事実である。信じない人もいるかもしれないが、他にわれわれの銀河の大移動を矛盾なく説明できる方法はない。ビッグバン説や他の宇宙論では、現在の銀河の大移動はまったく説明できないのである。

それゆえ、「地球を含む銀河の大移動は、大宇宙神である元の大神による出産である」という説を真実のものとして、大宇宙での地球の位置を明らかにしてみたい。

地球を含む銀河の大移動が、いつから始まったかはわからない――ただし、1900年が「トコタチ」と読めることから、西暦1900年以降であることは確実である――が、それまでは、われわれの地球は神たる大宇宙神の子宮の中にいた。

子宮はお腹の下にあることは人も宇宙も同じである。したがって、地球を含む銀河は、

図表32　「銀河の大移動」は「宇宙の出産」であり、胎児が出産によって頭を上にして立つように、地球はダルマ型宇宙の下半身の中心から、上半身の中心付近に移動する。

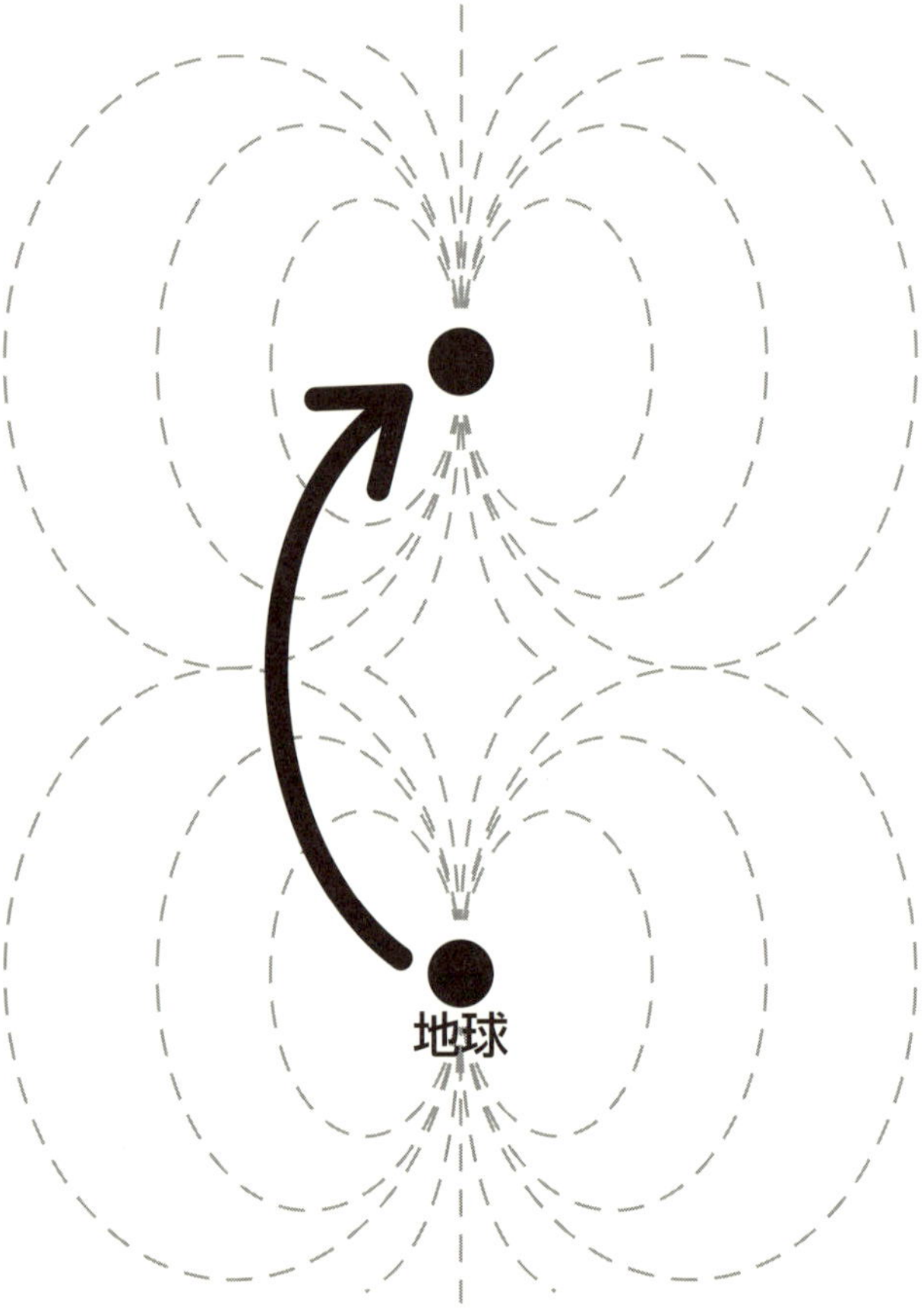

大移動をする前までは、ダルマ型宇宙の下半身（宇宙の南半球）の、ほぼ中心近くにいた。

それが、大宇宙神による出産ということで、今度は地球はダルマ型宇宙の上半身、つまり宇宙の北半球のほぼ中心に移動する。なぜかというと、子宮の中から出て出生ということになれば、頭を上にして立つのが当たり前だからである。つまり地球を含む銀河の大移動は、元の大神の出産にあたり、宇宙の下半身の中心から上半身の中心近くに移動するプロセスなのである。

地軸逆転の意味

ここで地軸逆転についても述べておこう。これまでの地球の歴史において、しばしば地軸が逆転した。

地球上の岩石は冷えて固まるときに、そのときの地磁気を記録する。深海底の海嶺から吹き出して固まった溶岩には、地磁気の逆転した様子が縞模様となって記録されており、この縞模様の分析から、地球はこの７６００万年の間に計171回、地磁気の逆転があったことが判明している。

地磁気の逆転は、いわば公知の事実であるが、これまで、その理由は不明であった。だが、これも「宇宙の出産説」によれば説明は難しくない。

なぜなら、20世紀の途中までは、地球は「宇宙の胎児」として宇宙の子宮の中にいた。胎児であれば、頭が下の位置に来るのが正常で、逆であれば逆子である。地球は北半球の方が頭であるから、これまでの地球史では、北半球が下側にくるのが地球本来の位置であった。

しかし、古代においても北半球が上側になることがしばしばであった。これは、地球が大宇宙の子宮の中にいたという観点からすると、明らかに逆子である。この逆子を正常な位置に戻すために、何度も地軸が変わったのである。

このことは、地磁気の逆転が、同時に地球の逆転でもあることを意味している。地磁気逆転について、定説では、地球の姿は不動のまま、地磁気だけがクルクルと逆転したと考えられている。だが、「宇宙の中での逆子状態」を直すには、地球そのものの逆転を伴うものでなければ意味がない。

地磁気の逆転については、この捉え方でほぼ間違いないだろう。宇宙には「元の大神による出産」以外、わざわざ地球を含む銀河が大移動する理由が考えられないし、過去の度々の地軸逆転も、他の理由では説明できないのである。

結論として、地球を含む銀河は、「神の出産」によってダルマ型宇宙の下半身のほぼ中心から、上半身のほぼ中心に移動すると考えられる。

宇宙の天地の逆転

ところで、**地球を含む銀河の大移動は、そろそろ終わりに近づいている。宇宙の「産道の通り抜け」は終わり、いよいよ出産ということになるが、**そうだとすると、宇宙全体の大きさと、計算上の距離が合わないことになる。

地球を含む銀河の大移動が始まったのは、おそらく20世紀に入ってからだろう。そう考えるのは、１９００年が「トコタチ」と読めるためで、日本神話においてこの地球が「クニトコタチ」という名前であることからも、１９００年は大きな区切りとなっていたと推定される。

仮に、西暦１９００年から銀河の大移動が始まり、２０１０年に終わるとすると、総移動距離は、秒速600キロとして1年で189億キロ、110年間で2兆813キロになる。

一方、宇宙全体の大きさは、天地の距離で346億光年あると計算した。宇宙の出産により、地球は、宇宙の下半身の中心付近から上半身の中心近くに移動するのであるから、その総

図表33　宇宙の出産に伴ない、宇宙全体も逆転する。これにより地球を含む銀河の移動距離が少なくて済む。

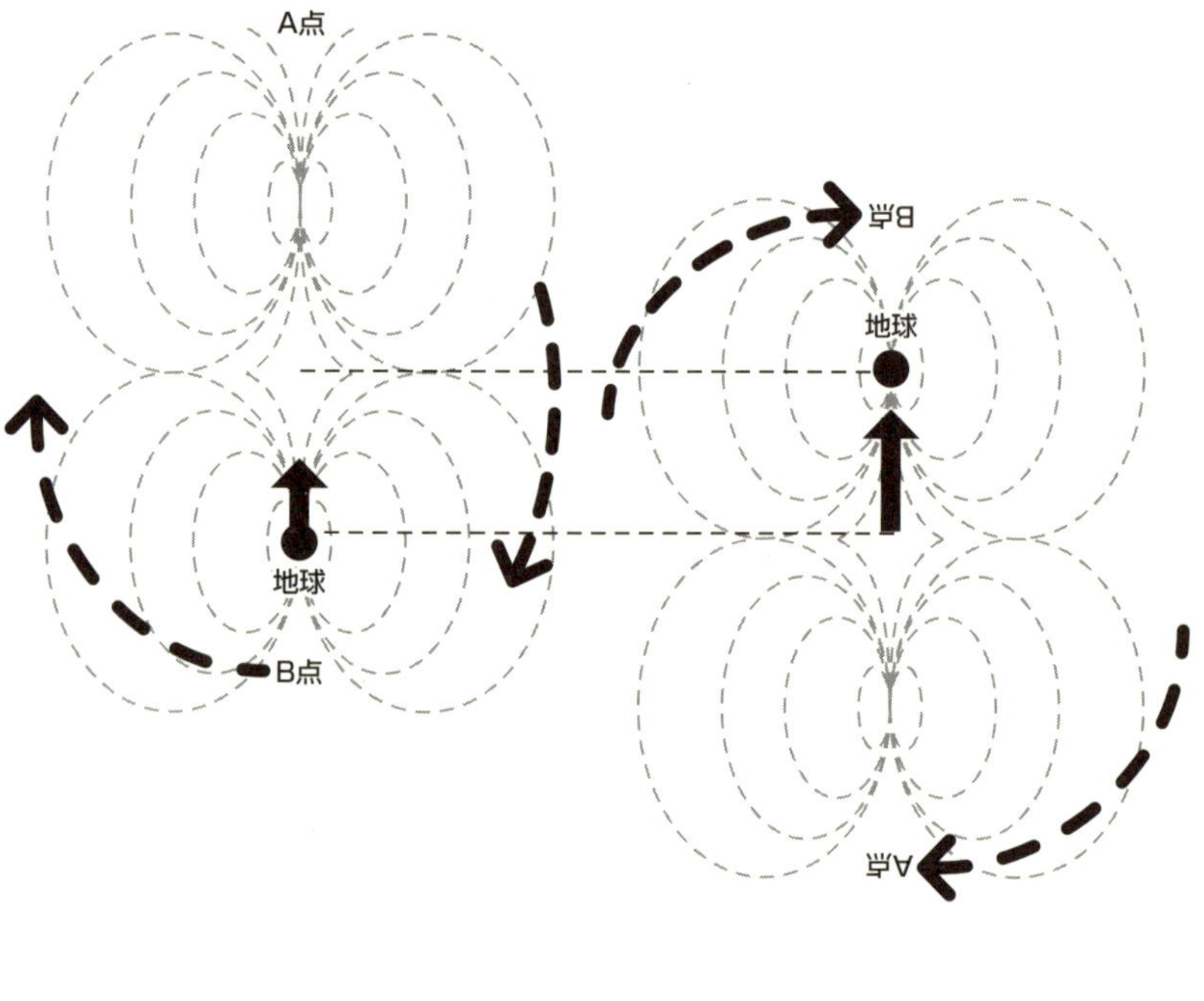

移動距離は、宇宙の天地の距離の約半分、173億光年ほどとなるはずである。
これは、秒速600キロで進んだとして、実に27万年以上かかる距離に相当する。これではとてもではないが時間がかかり過ぎる。

この問題に対する答えは、地球が大移動すると同時に、宇宙の下半身と上半身が入れ替わることによって、地球を含む銀河の移動距離が少なくて済む、という仕組みになっているものと推測される。つまり地球の移動に合わせて、宇宙の天地が逆転すると考えられるのである。

そうでないと地球の移動距離が長すぎて、移動だけで人類の歴史が終わってしまいかねない。宇宙の出産を終えてからが、また新たな楽しみの期間でもあるのだから、大移動を適当な時期に切り上げる必要がある。そのために宇宙そのものが逆転し、宇宙の出産が果たされるのだ。その様相は右の図表33を参照するとより理解しやすい。

銀河の大移動については、この捉え方で間違いないものと思われる。

出生後の地球

では、銀河の大移動を終え、「神の出産」を終えた後は、人類において、具体的に何かが変わるのだろうか？

それとも、ただ長い距離を移動するだけで何も変わらないのだろうか？

それを考えてみることにしよう。

まず第1に、これまでの人類は、残念ながら、宇宙論についてはまだまだ無知だった。これは、母なる宇宙の子宮の中にいたからである。

子宮の中にいる状態では、どれほど知恵や知能、科学や洞察力が発達しても、とても頼りないものである。とりわけ、人類の父であり母である宇宙を理解することなどはとてもできない。ビッグバン説など、これまでの宇宙理解が稚拙であったのは、こうした理由による。

だが、宇宙の出産によって、われわれ地球人は、やっと母たる大宇宙の胎内から脱出することができる。これからは、神から見ても、人類が「ひとり立ち」する時代に入っていく。そうなって初めて、人類が、父であり母である大宇宙神の姿を正しく認識することができるようになる。

第2に、日月神示によれば、「物質偏重の世はやがて去るべき宿命にあるぞ、心得なされよ」とある。

また、「神との結婚による絶対の大歓喜あるのじゃ。神が霊となり花婿《むこ》となるのじゃ。人民は花嫁となるのじゃ…」ともある。

これらを解読すると、大宇宙の岩戸が開けられた後は物質偏重の文明は終わりを迎え、また人間の次元アップが要求され、それに対応できる人間の生き残りと、対応できない人間への厳罰が行われるということであろう。

第3に、日本神話の「岩戸閉め」は、イザナギとイザナミの大喧嘩に端を発し、両神を隔てるものであった。その岩戸が宇宙レベルにおいて開けられるのだから、それは、神界においてイザナギとイザナミの和合のときが来たことを示している。そのことは、同時に地上界においても、両神によって守護される民族の和合の必然性を意味するものなのである。

大宇宙神による出産を終えた後、どのような生活や価値観、世界が待ち受けているか、詳しくは私自身にもわからない。だが、人類が地球環境を無視した物質文明を見直し、親たる神の眼から見ても「行動力があり、頼もしく、あらゆる点で安心して見ていられる存在」となれるよう努力することが、第一に求められるものと考える。それが大宇宙神によってつくられ、大宇宙神によって守られている地球に住む人間としての努めであろう。

第4章
宇宙の創造

相似形の意味

続いて宇宙の創造についても述べよう。宇宙に創造のときがあったのか、という話になるが、これは、明らかにあったと明言できる。

第1章で紹介した、間違いだらけのビッグバン理論にも功績を認めるとすれば、宇宙には明らかに始まりがあったという認識を、広く人々に定着させたことである。

ビッグバン理論の前は、定常宇宙論が一般的であった。定常宇宙論では、宇宙は昔から今と同じ状態であったことになるから、宇宙に始まりの瞬間はいらない。それゆえ宇宙の創世時点が研究されることはなかった。

その点、ビッグバン理論では宇宙の始まりのときにすべての物質や爆発力を備えることになるから、絶えず、始まりの創世時点が問題となる。

私が本書で展開する原子・ダルマ二重宇宙論は、膨張宇宙説を採るわけではないから、一見すると宇宙の創世論議は必然ではないかもしれない。だが、宇宙に創造者兼管理者がいると明言することは、過去のある時点で創造者によって宇宙が創造されたことを意味するものである。誰も創造した者がいないのに、無から自然発生で宇宙が存在し、現状を維持・管理できるわけがないのである。

先に、地球も人も、人の大脳も心臓も、大宇宙の四極子型の磁場の形を縮小した相似形であるとした。この「相似形」は、地球も人間も、大宇宙の「魂」の直接の霊統であることを示す重要な証拠である。

「子は親に似る」というように、大宇宙たる親から直接に生命・魂を継承した存在であるからこそ、外見的な形が相似形となる。そうでなければ、なにも大宇宙と地球、そして人間が相似形である必然性はまったくない。

大スサナル

さらに言えば、大宇宙神と地球を肉体とする神とは、相似形であるだけでなく、名前もよく似ている。

大宇宙や地球に神としての名前があるのか、と驚かれるかも知れないが、日本神話をひもとけば、「地球を肉体とする神」の名前は「国常立《くにとこたち》の神」とはっきりと出てくる。次に、その部分が書かれた『古事記』の1節を引用させていただこう。

「…上の件の五柱の神は別天《ことあま》つ神ぞ。

次に成りませる神の名は国之常立《くにとこたち》の神。次に豊雲野《とよくもの》の神。この2柱の神も独神《ひとりがみ》と成りまして、身を隠したまいき。

次に成りませる神の名は、宇比地邇《うひじに》の神。次に妹須比智邇《いもすひちに》の神。次に角杭《つのぐい》の神。次に妹《いも》活杭《いくぐい》の神。次に意富斗野地《おおとのぢ》の神。次に妹大斗乃弁《いもおおとのべ》の神。次に於母陀流《おもだる》の神。次に妹阿夜訶《いもあやか》志古泥《しこね》の神。次にイザナギの神。次にイザナミの神。

上の件の国之常立の神より下、イザナミの神より前を、合わせて神世七世《かみよななよ》という」


最後に出てくる「イザナギの神、イザナミの神」は、日本人なら誰でも知っているだろう。イザナギ・イザナミは、大地を固めて「国づくりと人づくり」を行った神の名で、両神を含めて生んだ神こそが、地球を肉体とする「国常立の神」である。

このクニトコタチノ神という名前には、「国と子達の神」という意味がある。これは、文字通り、「大地と子供達（人類とすべての生物、自然）を生んだ神」という意味である。

地球が国常立の神というのに対し、大宇宙を統括する神の名は、「大スサナル」という。

『古事記』や『日本書記』には直接は出てこないが、『日月神示』によって紹介されている。『日月神示』によれば、この大宇宙をつくり、現在も統制管理する大元の神は「大スサナル」という名前であり、直接的には『古事記』に言う「天之御中主《あめのみなかぬし》の神、高御産巣日《たかみむすび》の神」など、隠身の五神に該当する。

隠身の五身とは、姿形を表わさない、身を隠したままの神という意味で、『古事記』の最初に出てくる。その部分を見ておくと——。

「天地《あめつち》初めて発《おこ》りし時に、高天《たかあま》の原に成りませる神の名は、天之御中主の神。次に高御産巣日の神。次に神産巣日《かみむすび》の神。この三柱の神は、みな独神と成りまして身を隠したまいき。次に国稚《わか》く、浮ける脂《あぶら》のごとくして、くらげなすただよへる時に、葦牙《あしかび》のごとく萌えあがる物によりて成りませる神の名は、宇摩志阿斯訶備比古遅《うましあしかびひごち》の神。次に天之常立《あめのとこたち》の神。この二柱の神も、みな独神と成りまして、身を隠したまいき。

上の件の五柱の神は、別天《ことあま》つ神ぞ」

つまり、『古事記』における「国常立の神」より前に出現する神が、まだ姿形を表わさないが、活動は行っていた神々で、大スサナルという元の元の大神である。なお、隠身の五神のうち、最後に出てくる「天ノトコタチノ神」とは、「天と子達の神」という意味だ。神の世界は、どの神も「青虫」が「サナギ」になり、脱皮して「蝶」と名前を変えるように、ひとつの神が形を変え、名前を変え、役割を変えていくというパターンをとる。それゆえ、宇宙の創世時における全体の活動をなしてきたのは、大スサナルという名前の神だと理解していただきたい。ちなみに、この神は、日本神道で大元の神とされる「スの神」と同一である。

宇宙は左回転の渦から始まった

さて、「大スサナル」という名前には、宇宙創世のときの様子が示されている。以下に、それを記した『日月神示』の一節を紹介させていただこう。

「スサナルの神はこの世の大神様ぞ。はじめは◎であるなり。◎《うご》いて月となり地となりたのざぞ」（日月の巻　第二十八帖）

「○《れい》がもとじゃ、◎一《れい》が元じゃ、…世の元、○の始めから一と現われるまでは○を十回も百回千回も万回も繰り返したのであるぞ、そのときは、それはそれはでありたのぞ」
（扶桑之巻　第二帖）

「スサナルの大神様かぎ直し無いぞ、かぎの誤りは無いのざぞ。…スサナルの大神様この世の大神様ぞと申してあろうがな」（いわの巻　第一帖）

「大国常立の神が大スサナルの神様なり」（黄金の巻　第三十四帖）

以上であるが、『日月神示』に示唆されるように、大スサナルという名前には宇宙創世の様子が示されている。

それは、「ス」が「サ」になる、ナルト、成る十（ト、カミ）という意味で、宇宙創世時の回転の方向と順序をあらわしている。

具体的に示すと、宇宙の創世は、まず左回り（反時計回り）の巨大な渦となって回転した。何度もの左回りのあと、今度は右回り（時計回り）の渦となって回転した。「スサナルの神はこの世の大神さまぞ。はじめは◎であるなり、⦾いて月となり地となりたのざぞ」とは、この回転の方向性と順序をあらわしている。

最初に左回り、続いて右回りの回転であるから、これをアルファベットで表わせば「S」

の字となる。大スサナルの「ス」、日本神道の「スの神」とは、宇宙の創世が、このようにSの字型の回転から始まったことをあらわしているのである。

ここで、日本神話であるのに、なぜ突然アルファベットなのかと思われるかもしれない。だが、日本神話は単に日本だけの創世神話ではなく、世界の創世、地球の創世について述べる神話でもあることは先に述べた。だからアルファベットやギリシア文字が出てきても何らおかしくはないのだ。

続いて、大スサナルの「スがサになる」という意味であるが、この「サ」とは左図のようにSにα（アルファ）を加えるとサ（Sα）と読める。加えられたαは、英語のAの小文字の基となったギリシア語であり、今度は「先に右回り、続いて左回り」に描いてゆく。

つまり「スがサになる」とは、Sの字のように、最初は左回りの回転をし、続いて右回りの回転をした。それが成った後はαの文字のように、先ず右回りの回転をし、続いて左回りの回転をして宇宙を創造したという意味なのである。

この創造は、目に見えないSの字型の膨大な回転を前提として、物質があらわれたことを指すと理解してよい。αとは、アルファベットのaの基となったように、言葉としてあらわれた始めであり、物質が「存在」として初めて表にあらわれ出たことを意味している。

図表34　大宇宙神の「大スサナル」という名前は「スがサになる」という意味を持つ

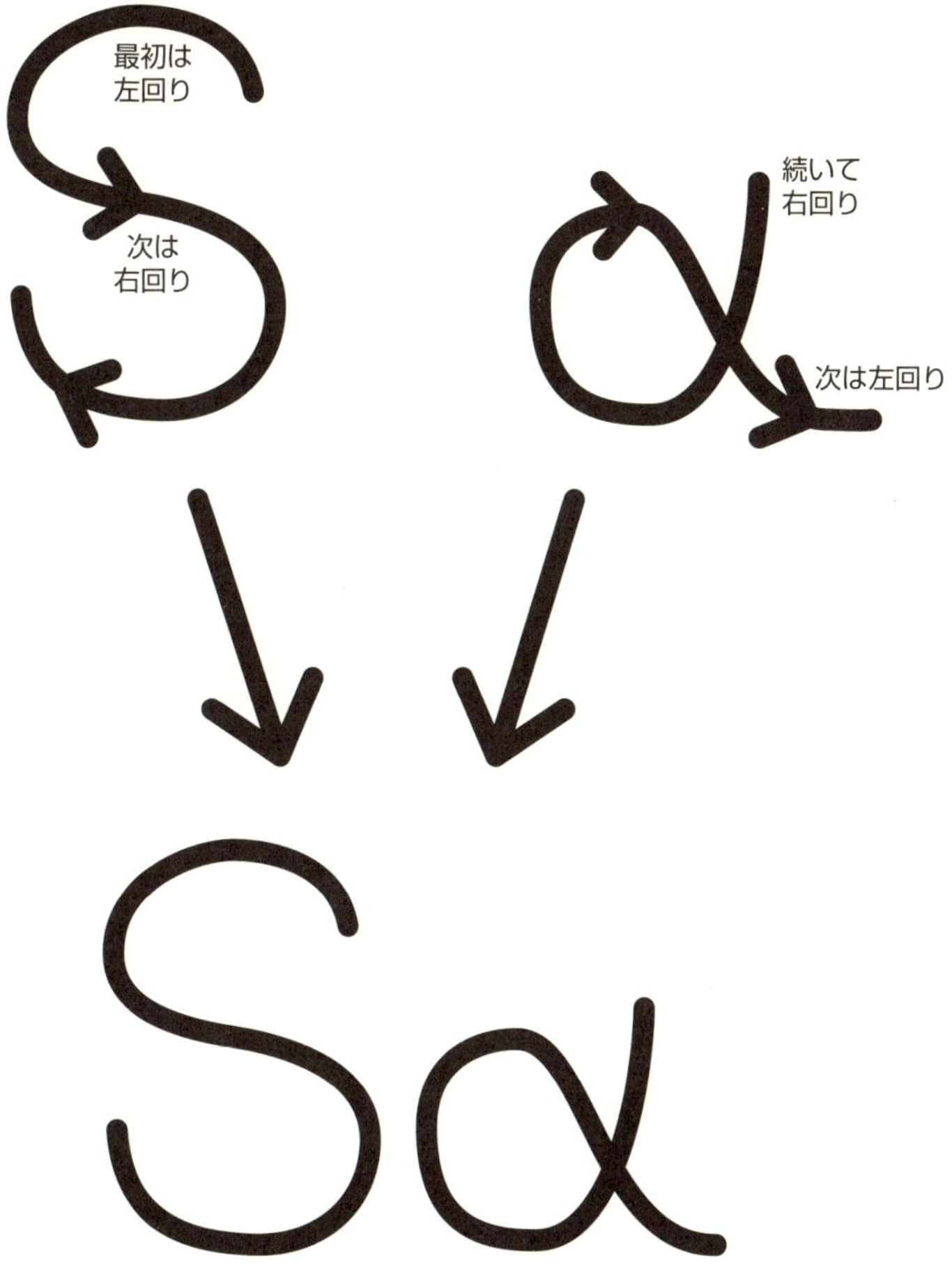

つまり、「スがサになる」とは、他の者にわかるほどに物質的存在として明らかになる前には、誰にも知られることの無い「左回り優位の膨大な回転」があったことを意味している。

そのことは、大スサナルの「ナル」という、名前の後半の言葉にもあらわれている。大スサナルの「ナル」とは、まず「鳴門」の意味。日本で鳴門といえば、「鳴門海峡の渦潮」が有名である。その鳴門の大渦巻きのように、Sの字型の回転により、大渦巻きの「銀河」ができた。

もちろん、宇宙の銀河の形成が、鳴門の渦潮より時間的にはずっと前である。その意味で、鳴門の渦潮は、宇宙創造が大渦巻きから起こったことの「型示し」であるといえる。日本の地形、地名の中には、宇宙創世、地球創造の様子を反映したものまである、という証左でもある。

また、「ナル」は「成る十（ト、カミ）」でもある。「十」は完成の数字であり、「神が成った、完成した」という意味を持つ。

さらに、ナルは「成る戸」の意味をも持つ。これは、先の「岩戸閉め」の「岩戸が成る」

という意味と解される。

ちなみに、現在の日本の元号は、平成である。これは、分解すると、「一《い》八《わ》十《と》成る」と読める。ということは、今まで立てられてきた岩戸が、逆に開放されるという意味であろうか？　現代は様々な意味で、神の栄光と厳罰とが雲間から垣間見える時代に入りつつあるといえよう。

宇宙創造の実験

以上が、「大スサナル」という宇宙神の名前に秘められた宇宙創造の様子である。

ところで、この創造の様子は、極めて小規模のものであれば実験室で再現可能と思われる。その方法は、「プラズマ宇宙論」で紹介したアルヴェーン博士らの実験の延長上にあると推定される。

アルヴェーン博士は、プラズマ状態の中に電流が流れると、そのまわりに円筒状の磁場が出来、その磁場が同じ方向に流れる他の電流を引き寄せて、渦巻きが出来ることを証明した。

それを、渦巻きの逆転――電位を変え、電流の流れる方向が逆になれば、渦巻きの回転も逆になる――も試みて、物質を生じさせることができないだろうか？

アルヴェーン博士やペラット博士の実験では、プラズマの渦巻きや中心でのジェット噴流までは再現されているが、物質の生成までは確認されていないようである。

だが、**大スサナルの名前にあるように、渦巻きの向きを最初は左巻きにし、相当の回転の後、次に右回りにする。そして、再び左回りに回転させる。**このように、博士らの実験に、もう一工夫を加えることによって、**宇宙の創造の様子の雛形が再現できるのではないだろうか。**

規模は小規模でも、その実験で物質が生じれば、大宇宙の創造の一部が示されたことになる。実験可能な方は、ぜひ宇宙創造の再現に挑戦していただきたい。

ちなみに、『日月神示』には「雲出てクニとなったのぞ」とある。したがって、左回りと右回りの渦巻きの組み合わせにより「雲」のようなものができれば、物質の生成としてはとりあえず成功だといえるのではなかろうか。

国常立と大国常立

ところで、この章のはじめに、大宇宙神と地球を肉体とする神とは形だけでなく、名前もよく似ていると言った。そして、この地球を肉体とする神の名前は、『古事記』にもある「国常立の神」であると紹介した。

一方、『日月神示』によれば「大国常立の神が大スサナルの神様なり」とある。また『日月神示』は、大宇宙の創造神を大スサナルとしながら、別の箇所では「スサナルの大神」という表現を使っている。後者のスサナルの大神とは、地球神を指す。

つまり、『日月神示』によれば、大宇宙の創造者にして管理者である元の元の大神は「大スサナル、大国常立の神」。

一方、地球の創造者にして管理者である神は「スサナルの大神、国常立の神」という呼称となる。

この宇宙神と地球神の名前の類似性は、大宇宙の創造者にして管理者である元の元の大神は、現在は地球を肉体とする地球神として、この宇宙に君臨していることを意味している。

この地球が、元の元の大神の魂の所在場所であり、本籍地だからこそ、大宇宙にあって原子型宇宙のほぼ中心に地球があり、同時に「宇宙における出産」において、周辺の銀河全体を引き連れて大移動を為すのである。

そうでなければ、地球が原子型宇宙の中心にいることはできないし、周辺の銀河を部下のように引き連れて宇宙を大移動することもできないのである。もちろん、数々の奇跡を為してすべての生物・無生物を地球上に産み、とどめ、生命や季節を楽しませることなどもできないのである。

また、大スサナルという名前は、日本神話に出てくる「スサノオ」とも似た名前である。日本神話によれば、イザナギはイザナミと大喧嘩をした後、川で禊祓《みそぎはら》えをして顔を洗った。左目を洗うと天照大御神、右目を洗うと月読命、鼻を洗うとスサノオの命が生まれた。イザナギは大変喜び、「天照大御神は天上界である高天原を、月読命は夜の食す国を、スサノオは海原を治《おさ》めよ」と命じられた。

このスサノオが命じられた「海原を治めよ」とは、「海原に囲まれた地上界を統治せよ」という意味である。スサノオはイザナギから一番大事な「地上界＝人間界」を任されたことになる。

その人間界を任されたスサノオが、大宇宙神たる大スサナルと名前が似ているというのは、スサノオが人間でありながら大宇宙神の直系の魂の持ち主であることを示している。

先に、「(最大の) ブラックホールはダルマ型宇宙の鼻の穴」と述べた。また『日月神示』においても「スサナルの大神様、鼻の大神様」とある。さらに、日本神話のスサノオはイザナギの「鼻を洗う」ことによって生まれた。

このように、鼻が、神々の世界において特別であるということは、宇宙創造の究極の大神が、宇宙における鼻の位置を本籍地とすることを間接的に示している。それほど宇宙においても人においても、鼻は重要なのである。

鼻の位置が、宇宙における創造神の本籍地だということを踏まえれば、「宇宙の出産」のところで述べた「地球を含む銀河の大移動」も、その行き着く先はダルマ型宇宙の鼻の位置と考えてさしつかえない。神の計画は時々変更になるので、あまり断定的なこと、予言的なことは避けるべきだが、それでもこれは基本にかかわることなので、あえて述べておきたい。

先に、地球がダルマ型宇宙の下半身の中心近くから、同じくダルマ型宇宙の上半身のほぼ中心に来ることによって大移動は完了すると述べた。それは、宇宙の出産によって、地球が宇宙の頭の方の位置に来るという理由のほかに、宇宙の上半身のほぼ中心が、宇宙の鼻にあたるからだという理由もある。

大宇宙にあっても、鼻の位置こそが、すべてを産み、管理する宇宙神「大スサナル」の魂の落ち着く先にふさわしい。その位置に地球が来るというのは、いよいよ元の元の大神が力を発揮し、それに呼応する人間たちが、次元的に大きくレベルアップする時期に来たといえるのだ。

これらのことから、地球という星は、大宇宙の中でも特別な星なのだといえる。人類も、一刻も早くそのことを知って、大宇宙の魂としての地球にふさわしい存在に自らをレベルアップさせることが望まれている。

図表35　大宇宙神と地球神の関係

（大宇宙神）＝大スサナル＝大国常立神

（地球神）＝スサナルの大神＝国常立神

第5章

地球はどうやって人間を乗せて宙に浮き、半永久的に回転しているのか？

さて、宇宙論の次は地球論に移ろう。あらためて考えるに、われわれの住む地球という星は宇宙の中でも類まれなる星で、数々の奇跡の上に成り立っている。その中でも「地球はどうやって人間を乗せ、宙に浮き、半永久的に回転しているのか?」というテーマは、いまだ未解明の、究極の問題である。

人類は、地球という星の上で、赤道近くでは、球体をした地球の横にへばりつき、南極近くでは、地球の下に「逆さ吊り」になってくっついている。

人間だけでなく、他の生物や石ころ、海や川の水まで、球体である地球の横や下側にへばりつき、ひとつの落ちこぼれも出さないでいる。そんな、曲芸師にも不可能な状態を保ちながら地球は宇宙の中に浮き、1日1回の自転をしながら、太陽のまわりを相当なスピードで回っている。

まさに驚くべき動きであるが、地上に住むわれわれ人間は、それらの驚異的な動きを全く気に留めることもなく、何の違和感や恐怖心を抱くこともなく、毎日を当たり前のように過ごしている。このような動きや感覚の源を解明するのが、この章の目的である。

なお、この章は、先の「大宇宙神」に対して、われわれの住む、「地球神＝国常立之神」と呼称すべき星の実態の一部を科学的に明らかにするものでもある。

これまで人類は「人や海水を乗せた地球が宙に浮き、自転し、かつ公転している」という事実を、ニュートンの「万有引力の法則」を用いて説明してきた。万有引力の法則というのは、これまでも説明したが「質量を持つふたつの物体は互いに引き付け合う」という、ごく単純なものである。

地球上で、リンゴやその他の物体の落下運動を支配する力は、「万有引力」としてはるか宇宙にまで及んでいる。その力は、互いの物体の質量の積に比例し、距離の二乗に反比例する、という法則だ。

月が地球のまわりを回るのは、地球の引力が月に働いているからで、これは物体にヒモをつけて円運動をさせたときと同じである。ヒモの張力が引力をあらわし、月が地球に落下してこないのは、円運動をしているために働く遠心力と地球の引力が釣り合っているからだとする。

この説明は、ニュートン以来、300年以上の時代を経ても、地球と月などの運動を説明しうる真実として、科学者たちに受け入れられてきた。

皆に親しまれ、愛されてきた万有引力の法則だが、すでに指摘したように、この法則は明らかに間違っている。その理由は、アインシュタインの重力理論が誤っているのと同じで、もう一度確認すると——。

まず、ふたつの物体間に引力は働かない。地球上の物体が下方に落下するのは、あくまで地球の勢力圏に限った話である。ちなみに、地球の勢力圏とは、地球の磁力線の及ぶ領域である。

地球を離れた宇宙空間は、わずかなガスがあるだけの無重力（微小重力）空間である。重力とは引力プラス地球の遠心力のことであるから、無重力空間とは無引力の空間という意味である。つまり、宇宙の無引力空間を経由して引力が働くことはありえない。

スペースシャトルの映像などで分かるように、宇宙の無重力空間では、充分な重さを持つ宇宙飛行士が、機体に足をつけて歩き続けることは不可能で、空中遊泳をするしかないのだし、コップの水さえもが玉になってただよってしまう。つまり、宇宙の無重力空間では質量あるふたつの物体間に引力など働かず、万有引力が働くのは、地球の勢力圏に限られる。

こうした指摘に対して、「いや、重力という力は非常に小さいので、大きな質量の物体でないと働かない」という学者がいる。苦し紛れのウソ、言い訳で、ニュートンやアインシュタインの重力方程式にそのような質量制限は全くない。

地球上の物体は、たとえ木の葉一枚、薄紙一枚のわずかな質量であっても引力が働いて下方に落下する。つまり、地球上での落下運動においては、どんな小さなものでも計算式どおりに引力は働いている。

これらを知れば、ニュートンやアインシュタインの重力方程式は、運動原理として普遍的には存在せず、ただ計算結果が合致するだけの近似式としてのみ、有効性を持っているに過ぎないといえる。

地球が宙に浮き、自転しながら公転しているのは何故か？

では、なぜ、宇宙全体に万有引力やアインシュタインの言う重力が存在するかのように見えるのであろうか？

極めて困難なテーマであるが、地球を中心に働く神秘の力をこれから解明していきたい。

第一に挑戦するのは次のテーマである。

「地球が宙に浮き、自転しながら太陽のまわりを公転しているのはなぜか？」

ニュートンの万有引力やアインシュタインの重力理論が誤りだとして、それでは、地球は、どのような力で宇宙に浮きながら自転し、太陽のまわりを回ることができるのであろうか。

この問題について知るには、「超伝導」を知る必要がある。

超伝導とは、１９１１年にオランダ人オンネスによって発見された現象で、物質の温度を極低温の一定以下に冷やすと、電気抵抗がゼロになる。と同時に、その物体を永久磁石に乗せると宙に浮く（マイスナー効果とピン止め効果）。

一般に知られている超伝導には、リニアモーターカーがある。リニアモーターカーは、超伝導で列車を浮かせて磁石の吸引力と反発力によって動くのである。宙に浮いて走るため軌道との摩擦抵抗がなく、高速走行が可能となる。

超伝導の動きで興味深いのは、ピン止め効果といわれる現象で、永久磁石の上にマイナス196度の液体窒素で冷やした超伝導体を乗せると、超伝導体は宙に浮く。それだけでなく、逆に超伝導体を皿に乗せて空間に固定し、その下に永久磁石を入れると、永久磁石は吊り下げられたまま宙に浮く。

その状態で、永久磁石に少し回転を加えると、永久磁石は摩擦がないから、半永久的に回転し続ける。

次ページに掲げている写真は、その実験の様子を写したものだが、図表37の写真で、上にある容器には液体窒素で冷やされた超伝導体が入っている。下にぶら下がって宙に浮いているのは、永久磁石に固定された地球儀である。


この現象を世界で初めて実験したのは、芝浦工業大学の村上雅人博士らである。博士によれば、超伝導体は、磁場を寄せ付けないマイスナー効果がよく知られているが、マイスナー効果では磁場に反発するだけであり、永久磁石が超伝導体から離れてぶら下がったり、逆に超伝導体が永久磁石にぶら下がったりするという現象は説明できない。

したがって、この現象をピン止め効果というが、これは、どの超伝導体でも得られるというわけではない。ピン止め効果を示すのは、ある程度磁場が大きくなったときに、超伝導体の中に磁場が侵入できるタイプのものに限られるという。

村上博士らの研究では、イットリウムとバリウムと銅の組成比が、１対２対３の酸化物

図表36　超伝導体と磁石による宙づり実験
上が永久磁石で下にぶら下がっているのが超伝導体。
（村上雅人氏所蔵）

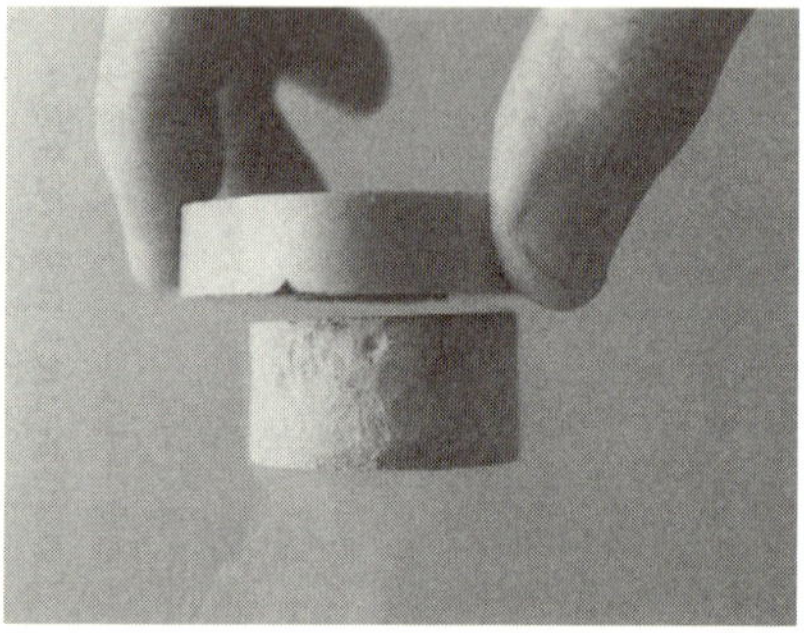

図表37　超伝導体と磁石による大型地球儀の宙づり実験
上の容器には、液体窒素で冷やされた超伝導体が入っている。
下にぶら下がっているのが、永久磁石を貼りつけた地球儀。
この状態で回転させると摩擦がないから回転し続ける。
（重さ約10kg）（村上雅人氏所蔵）

超伝導体で、かつ、その中に超伝導ではないイットリウム211（イットリウム、バリウム、銅が２対１対１の割合の化合物）を適度に混ぜると、ピン止め効果を示すという。これは、超伝導体の中にあって常伝導部分となるイットリウム211が外部からの磁気を捕捉するからで、ピン止めのセンターの役割を果たすためである。数多くの超伝導物質が発見されている中で、この元素構成のものだけが、今のところ、超伝導体による人間浮上などの高能力を示すという。

また、実験において、地球儀に埋め込んだ永久磁石を吊るすには、超伝導体を液体窒素に入れてマイナス196度に冷やし、これに永久磁石を密着させる。お互いが充分冷えれば、永久磁石を超伝導体から遠ざけようとすると、電磁誘導で超伝導体内に電流が誘導される。この電流は、永久磁石が離れるのを妨げる向き、つまり両者に引力が働く向きに流れる。電流は、超伝導で電気抵抗がないから永遠に流れ続け、ゆえに両者の引力も消えずに半永久的に続くことになる。

超伝導体と永久磁石は、なぜか一方が回転するのが居心地良いようで、永久磁石を埋め込んだ地球儀に初動を与えると、摩擦がないから地球が自転しているかのように半永久的に回転し続けるのである。

さて、ここに紹介した超伝導体と永久磁石入り地球儀の関係こそが、現実の地球の自転の状態を示していると考えられる。そして、地球を支える超伝導体は、北極星がその役割を果たしていると推定される。

大胆な仮説ではあるが、この仮説を検証していきたい。

まず、地球が宙に浮き、太陽のまわりをまわるのは、ニュートンの万有引力の法則やアインシュタインの言う重力によるためでないことは、これまでに述べた。何度も言うが、宇宙の無重力空間を越えて、太陽や地球の引力が働くことはありえない。

もし地球が宙に浮いて自転し、かつ公転する動きを、実験室内で全く再現できないとすれば、ニュートンやアインシュタインに代わる運動原理を示すことは永遠にできない。それゆえ人類は、いつまで経っても大宇宙神や地球神の力の真の偉大さを知ることができないままに終わる。したがって、地球が宙に浮き、自転し、かつ公転する姿をミニチュア化して、実験室で再現できるはずだというのが大前提であり、基本である。

永久磁石を埋め込んだ地球儀と超伝導体での実験は、まさに磁石を内蔵する現実の地球の動きそのものであり、問題は、地球を上方から支える超伝導体は宇宙にあってはどれか、ということに尽きてくる。

北極星は地球のほぼ真北の上空にあって、地球が自転しても公転しても、ほとんど位置は変わらない。

北極星が実際に超伝導体であるか否かは、実際に北極星に電流を流してみるわけにはいかないので、直接的な確認は不可能である。

だが、北極星が地球を吊り下げる超伝導体ではないとした場合、なぜ、北極星が絶えず地球の真北にあるのか、誰一人説明することができない。北極星イコール地球を吊り下げる超伝導体という仮説だけが、地球の真北に北極星があり続けることを説明できる。

また、地球が太陽の重力により公転するという説では、地球の半永久的な自転の原因を示すことはまったくできないが、この仮説ならば説明可能である。超伝導体に吊り下げられた磁石は摩擦がないから、初動を与えると半永久的に自転し続けるのである。この原理で地球は自転を繰り返している。

ところで、これに関連して、地球の歳差運動について考え直す必要がある。

現代天文学の定説として、地球の自転軸は一定ではなく、傾き始めたコマの首振り運動のような動きをしているという。この動きは歳差運動といって、1回転するのに約2万6千年もかかるほどゆっくりなもので、今、天の真北から0.5度ほど離れて1日1回転している北極星は、西暦2100年頃には最も真北に近づき、その後は真北から離れてしまう。代わって2500年後にはケフェウス座のエライという星、西暦14000年頃にはこと座のベガという星が天の北極に位置するという。

この歳差運動は、地球の春分点・秋分点が黄道（地球から見た太陽が星座の中を移動する道筋）に沿って少しずつ西向きに移動していることから指摘された。その裏付けとして、①古代エジプトのピラミッドの北側の壁に、北極星専用の約100メートルに及ぶのぞき穴があり、それが現在の北極星の位置と1度ほどずれていること、②紀元前150年頃のギリシアの天文学者ヒッパルコスが春分点の移動を発見して、これは恒星の移動によるのではなく、地球の歳差運動によるためだと指摘したことから、現代でも定説となっている。

だが、ちょっと待ってほしい。この歳差運動は、地球の自転軸が公転面に対して23・4度傾いており、月や太陽の引力が、この自転軸を起こそうと働き、逆に地球は自転軸を起こされまいとして自転軸の向きを変える結果、起こっていると説明される。

しかしながら、月や太陽の重力など、宇宙の無重力空間を経由しては働かないことは、これまでに何度も指摘した。

また、コマの首振り運動にたとえてみても、２万６千年もかけてやっと１回転するというのは明らかに誤りである。逆に、北極星が天の真北から0.5度ほど離れて１日１回転することが、コマの首振り運動に相当するといえる。

そのことを証明してみよう。今、地球は北極星に吊り下げられた磁石として１日１回の自転を行うが、コマのように首振り運動を同時におこなっているため、その自転軸の延長が、天の中心である北極星から絶えず0.5度ほどずれて自転していると考える。

この動きを地球側から見て、「北極星が動いている」と捉えると、北極星の動きは図表38の２のように天の真北から絶えず0.5度ほどずれて１日１回転するように見えるのである。

このように、北極星が小さな日周運動（地球が１日１回東回りに自転しているため、天球の星々は１日１回西回りに回転するように見えること）をするように見えるのは、地球が１日１回の自転に合わせた首振り運動をしているためである。自転周期と首振り周期が重なるためわからずにいたが、これを前提とすると、約２万６千年周期の歳差運動は、二重の首振り運動をしていることになり、この点からも欠陥理論となる。現実のコマは、二重の首振り運動をすることは決してないからである。

では、2万6千年周期の歳差運動とされるものは、何によって起きているのか。

地球の春分点・秋分点の移動が観測上、正しいことを前提とすると、それは地球の首振り運動によるのではなく、ヒッパルコスが採用しなかった「恒星の移動」によって起きていると推定される。実際、恒星である太陽も宇宙の中を移動する星であることは、ヒッパルコスの時代はともかく、現代天文学の常識である。

古代中国では、北極星のことを「天帝の星」としてあがめた。これは、古来より北極星が北の空に不動のまま存在しており、他の星はそのまわりを回ることから、天子（皇帝）の星と考えたわけで、これが日本に伝わり、スメラミコトを「天皇」と呼ぶようになった。

さらに、アラブ人は北極星を「地球の軸のはまっている穴」と呼ぶ。まさに地球を天で支える超伝導体が北極星であるとする私の説にピタリと符号する。

アラブ人も、元をたどればエジプト人と同じほどの古い歴史を持つし、古代中国もそうである。こうしたアラブ人や古代中国人の伝承を考えても、春分点の移動は地球の歳差運動ではなく、「恒星の移動」によって起きていると考えられる。

図表38の１　地球は北極星に吊り下げられた磁石として、北極星から0.5度ほどズレた首振り運動を、自転に合わせて１日１回の周期でしている。

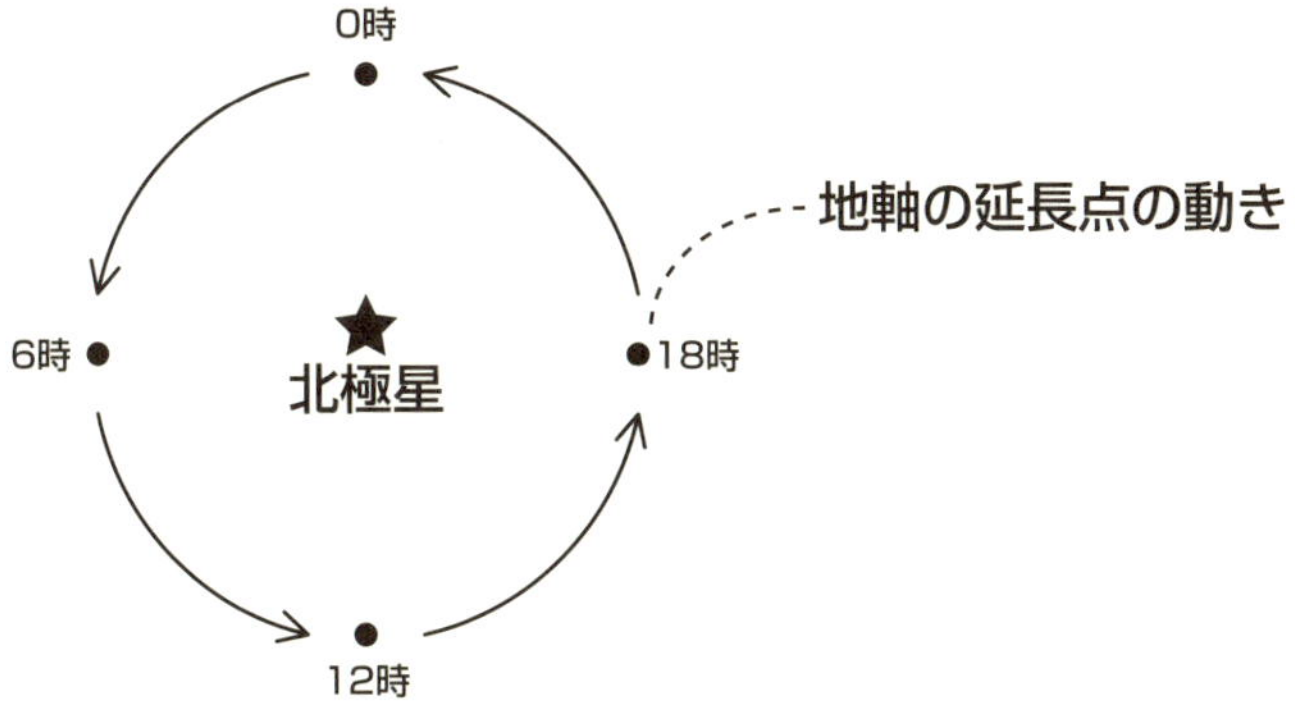

図表38の２　これを地球の真北から見れば、北極星は0.5度ほど離れて、１日１回の日周運動をしているように見える。

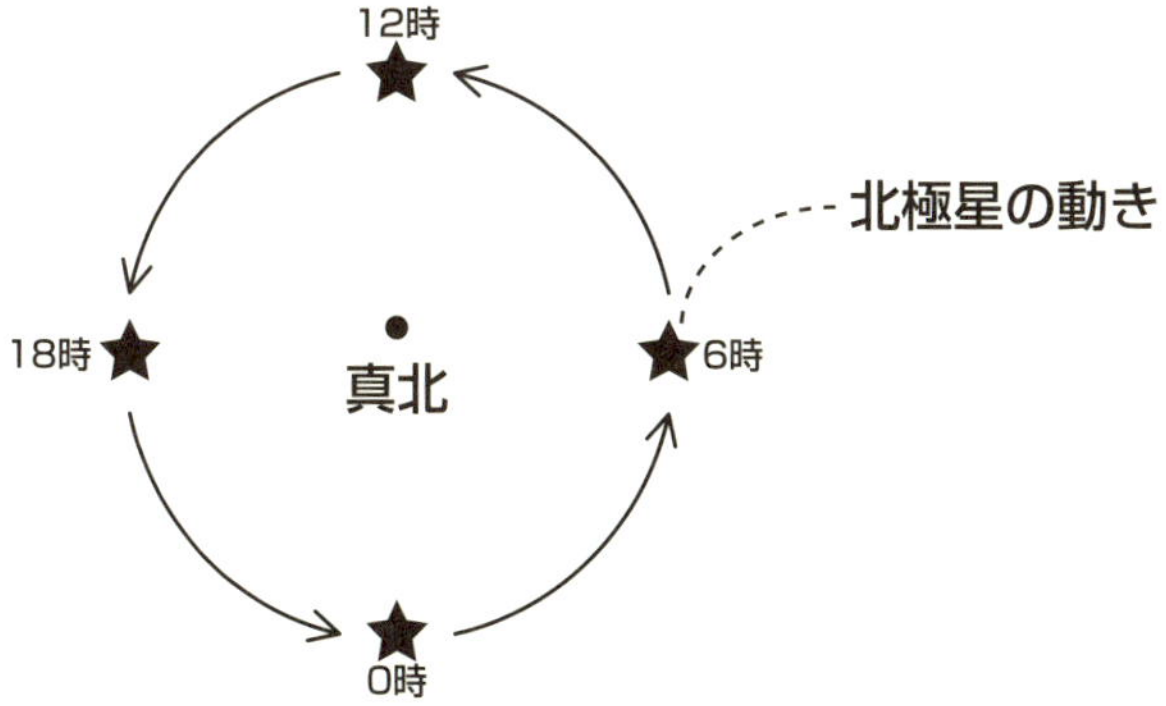

これに関連して、古代エジプトのピラミッドののぞき穴が、指摘のとおり、当時の北極星観察用だとすると、1度のズレはピラミッドの地盤の傾きか何かによって起きたのではなかろうか。

また、現在、天の真北と北極星との距離は、年々変化していると観測されるが、これは地球の首振り運動の角度が変化しているためと推定される。

いずれにしろ、**北極星は、西暦2100年になっても西暦1万年になっても、地球の首振り運動の角度が多少変わるだけで、天の中心であることは変わらない。約2万6千年の地球の歳差運動は明らかに錯覚だったということを、**現代の天文学者は責任を持って検証してほしいものである。

北極星について、これまではその役割を問うことはなかった。だが、超伝導体と永久磁石入り地球儀の実験から、地球という磁石を上方から吊るして支える超伝導体の役割を、北極星が果たしていると明言してよいと考える。そして、この関係ならば地球が公転するだけでなく、半永久的に自転することも説明できるのである。

実際、ニュートンやアインシュタインの説明では、無重力の宇宙空間において、太陽の重力によって地球が公転する、と矛盾した説明になるし、地球が半永久的に自転することの説明は全くできない。もちろん古代中国やアラブ人の言うように、北極星が古代から天の真北にあったという伝承など、全く説明できないのである。

一方、この仮説によった場合の最大の難点は、実験室での様子に比べて、超伝導体の役割を果たす北極星と地球の間の距離が開きすぎていることである。

これについての解答は、地上の実験においても、地球模型の磁石を固形の永久磁石ではなく、電磁石にすれば、超伝導体との距離はもっと離すことができるということであろう。

この指摘の意味するところは大きい。これまでも、地球内部には永久磁石があるのではなく、電磁石があるのだとされてきた。なぜなら地球内部は100キロも潜れば、温度は１０００度Ｃを超える。これに対して永久磁石の材料となる鉄やマグネタイトは500～700度Ｃで磁気がバラバラとなり、磁力を維持できないからである。

それゆえ、地磁気形成に関して、地球の中に発電機能を持つダイナモのようなものがあるとする「地球ダイナモ説」だけが生き残っている。超伝導体を使っての実験は、それを肯定するものだといえる。もちろん、現実の地球と北極星の膨大な距離に比べれば、やっとその何億分の1かの小さな雛形を、人類は示しただけであるが…。

地球を支える超伝導体が北極星だとすると、なぜ宇宙の温度がマイナス200度C以下の極低温なのかがわかってくる。

太陽のまわりを回る惑星のうち、磁気を持つ星は、その多くが、超伝導体と永久磁石に見られるピン止め効果によって宇宙に浮き、回転していると思われる（磁気を持たない星ならびに太陽は別の運動原理によっていると考えられるが、本書では割愛する）。そのためには、宇宙の温度が、超伝導状態を保てるほどに極低温でなければならない。

超伝導体は、地球上ではマイナス196度の液体窒素を使ってつくられる。極低温の環境でないと、超伝導状態を保つことができないのである。

なお、北極星が地球を支える超伝導体だとして、その北極星自身は、宇宙の中で何によって支えられているのだろうか？　という疑問がある。

地球が公転しているのは、北極星にピン止めされて動く地球が、あたかも独自に太陽のまわりをまわっているかのように見える現象である。では、北極星自体はどうやって宙に浮き、地球の上空にあって地球を吊り下げながら大きく公転しているのか、その動きの原動力を知る必要があるが、このことについては改めて述べてみたい。

地磁気逆転と氷河期の関係

地球が北極星に吊り下げられた磁石であることを述べたついでに、地軸逆転と氷河期などの関係についても触れておきたい。

地球は過去７６００万年の間に171回も地磁気が逆転している。これは、地球内部から上昇してきた物質が、海底に出る際に玄武岩となって固まる時に地球磁場の方向に帯磁する、あるいは、溶岩が冷えて固まる過程で、地球磁場の方向に帯磁する、それらの分析によってわかったことである。

この地磁気逆転につき、これまでは、地球の外観は不動のまま、Ｓ・Ｎの磁極だけがクルクルと逆転したと考えられてきた。

だが、地磁気逆転には「宇宙の子宮の中での逆子状態を直す」という意味があった。さらに、人間の胎児を見ると、子宮の中で胎児は体勢をよく入れ替える。その胎児の回転と同じように、かつての地球は南北、東西を頻繁に入れ替える時期があった。それが、過去に何度もあった地磁気の逆転だったと考えられるのである。

そのためには、地磁気の逆転は、地軸の移動＝ポールシフトを伴うものとなってくる。こう捉えて初めて、現在温暖な地域に氷河時代があったことや、新鮮なマンモスの氷漬けの死体がシベリアで発見される事実を説明できるのである。


ヨーロッパなど、現在温暖な地域が、かつて氷河であった時代があったことは、氷河の爪跡とされるU字形の谷や、岩に刻印された引っかき傷などで証明されている。この時代、地球全体が一律に氷河期に入ったと思われがちだが、実はそうではない。過去数百万年に関して言えば、ヨーロッパと北アメリカが何度も氷河期を迎えているのに対し、アジアや南米大陸ではそうではなかった。つまり氷河期は、地域限定のものであったわけである。

また、マンモスの氷漬けはシベリアで多く発見されているが、このこともポールシフトと大いに関係する。

氷漬けマンモスは、肉は腐敗せず、驚くほどの新鮮さを保って発見される。その中でも、1902年にベレゾフカ河の岸で発見されたマンモスは、口の中に食べ物が残っており、分析の結果、残留物はスゲ科の食物とイネ科の草、それとキンポウゲであることがわかっ

図表39　①北半球でもっとも広がったときの氷河の分布
グリーンランドの先端付近に磁極が移動したと思われる。

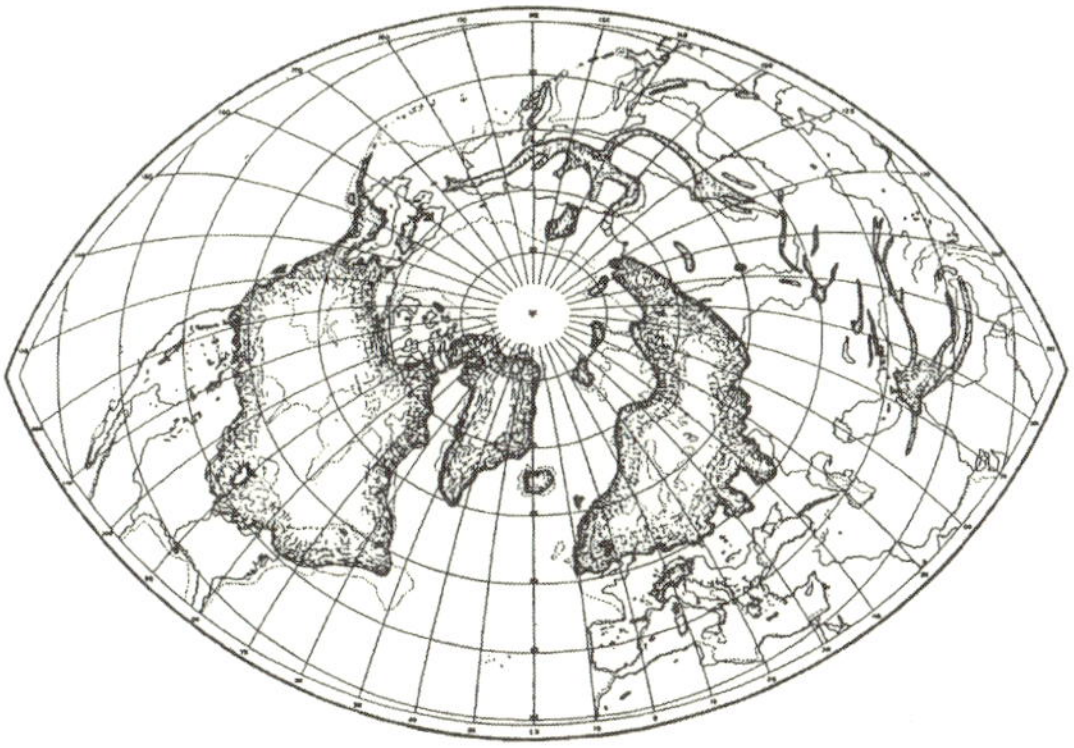

（Daly, R.A.：The changing world of the Ice Age, fig. 15, p.24. Hafner Publishing Company, 1963）

②1977年シベリアで発見された赤ちゃんマンモス「ジーマ」

（写真提供：ノーボスチ通信）

た。胃の中にも未消化の植物が多量に残っており、それらはヤナギ、カンバ、アルプスケシ、針葉樹の芽など、現在のシベリアには存在しない、温暖の地の植物が数多くあった。たとえば針葉樹は寒さに強い植物であるが、現在のシベリアには針葉樹さえ生えていない。生えているのはコケ類だけのツンドラ地帯なのである。

氷付けマンモスは特殊な例ではない。シベリアやアラスカからは、既に10万本以上のマンモスの骨が見つかっている。その中に筋肉や脂肪がそっくり残っていた例は39例とも80例とも数百例とも言われている。限られた調査でこうなのであるから、本格的に調べればもっと発見されるだろうと言われているのだ。

これらの事実を考え合わせると、マンモスのいた頃のシベリアは温暖な気候だったということになる。それが、マンモスの食事中に一気にマイナス60度~70度Cまで急速に冷凍された。急速な冷凍でないと細胞が腐敗してしまい、新鮮度を保つことができないことからの推理である。口の中のものを胃に運ぶ間もないほどの、急速な冷凍だったということになる。

これらの事実は定説ではまったく説明できていない。定説では、マンモスは氷水の穴に落ちて氷漬けになったことになっている。しかし、それではマンモスの体を冷やすことはできても、瞬時に凍らせることはとてもできないのである。凍るまでに長時間かかり、その間に細胞は腐ってしまって、新鮮な肉のままの氷漬けというわけにはいかないのである。

これまで、マンモスは体毛が多いために寒冷地の動物とされてきた。だが、ホッキョクグマやペンギン、アザラシなど、極寒の地の動物を見ると、体毛の多さは気候にあまり関係がない。それよりも、体脂肪の多さが極寒の地で生きる決め手になっている。これは、体毛の極めて多い羊やラクダが、寒冷地の動物でないことからも言える真理である。

もし、マンモスが極寒や寒冷の地の動物なら、氷水の穴に落ちたからといって、氷漬けになることはなく、ホッキョクグマのように氷水の中を泳いで陸に上がっただろう。このことは極寒の地に住むホッキョクグマやアザラシ、ペンギンが氷水の穴に落ちて氷漬けになったという例が皆無であることからも、容易にわかることなのである。

氷漬けマンモスの口や胃の中から、温暖の地の植物が多く出てきたこと、瞬時に氷漬けになったとおぼしき状況からみて、一時期、シベリアが温暖の地にあり、それが一瞬のうちに氷河の地となって、氷漬けにされたと捉える方が自然である。

ところで氷河期は、どのような原因で起きたと考えられてきたのだろうか？

地球の氷河期の原因については、これまでいくつかの仮説が存在した。

そのひとつは、太陽黒点の増減によって起きたとする説である。この仮説は長く信じられてきたが、その後、太陽観測が進んだおかげで、太陽黒点の増減は地球の気候を変えるほどではないことがわかってきた。一時的に太陽の光がなくなったとする説もあるが、太陽は一貫して安定して輝いてきたことがわかっている。

次に、地球上空を雲が厚く覆い、寒冷化して氷河期を迎えたという説が考えられた。だが、雲は光のエネルギーのうち、紫外線や可視光線は反射するが、赤外線は通過させる。これが地球を暖める。さらに熱を逃がさないため、この説では、かえって地球は暖かくなってしまう。

その他の説では「ミランコビッチ・サイクル説」が有力である。これは、地球の太陽からの距離の変化が約10万年の周期、地軸の傾きが約4万1千年の周期、地球の歳差（首振り）運動が2万6千年と1万9千年の周期と、3つの原因による複数の周期が太陽の日射量の変化をもたらし、気候変動を引き起こしたと考えるものである。

この周期は、地質学が考える氷河期と一致するため学会の注目を浴び、現在の定説になりつつあるといってよい。だが、残念なことに、この説では、緩やかな寒冷化は説明できても、マンモスの氷漬けのような瞬時の氷河期突入を説明することはできない。一般的にも、この説が主張する程度の小さな日射量の変化では、大きな気候変動を起こすことは、計算上むずかしいという指摘がある。さらには、本書でも指摘したように、地球の歳差運動は「恒星の移動」からくる錯覚で実在しないとなると、ミランコビッチ説の基盤自体、再検討されるべきである。

ここで私の仮説を紹介すると、地球の氷河期は、ポールシフト（＝地軸の移動）が地域的にもたらしたと考えるのである。具体的には、図表40の③を見ていただくとよくわかるだろう。ポールシフトにより、北米大陸やヨーロッパは北極地方へ、アジアや南極大陸は赤道付近へ移動してしまった図である。

こうした地軸移動が短時間のうちに起こると、それまで温暖であった地域は一気に氷河期を迎え、極寒の地が一瞬にして温暖な地へと変わる。この反復により、一時期、温暖な地となっていたシベリアが、マンモスともども一瞬にして極寒の地となったと考えられる。だから、マンモスの口や胃の中に温暖の地の植物が入ったまま、急速冷凍されたのである。

図表40　ポールシフトと磁場逆転

①現在の姿

②定説
地軸はそのままでN・S極だけが入れ替わる。
日本は相変わらず北半球にあり、ほとんど何の影響もない。

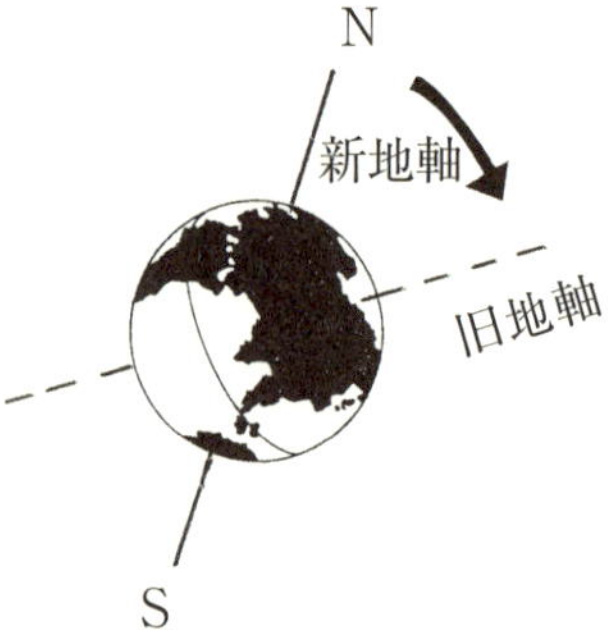

③ポールシフト1
磁極が移動する。但し、北極星に対するN・S極の軸の方向は変わらない。これにより、ヨーロッパは氷河期を迎え、日本とアジアは赤道近くに移動した。

④ポールシフト2
北極星に対するN・S極の軸は変わらず、地球が反転した図。地磁気逆転の完全形は、これである。

また、地球の超古代には何度もの生物種絶滅があったが、そのこともポールシフトが関係していると思われる。

地球には、生物種の増えた約６億年前のカンブリア紀以降、生物の大量絶滅が計５回あったことが知られている。この中には、約６５００万年前の白亜紀末に起きた恐竜の絶滅を含んでいる。

恐竜の絶滅については、６５００万年前の地層から、イリジウムなど隕石に多く含まれる物質が発見されたこと、メキシコのユカタン半島沖に同時代の隕石衝突跡と思われる場所が発見されたことから、隕石原因説が定説になりつつある。

だが、隕石が陸地に落ちたのなら、海洋生物には影響はないはずだが、白亜紀末にはアンモナイトなど海洋生物も絶滅している。一方、海に隕石が落ちれば、海水が蒸発して気温が上昇するが、それでは恐竜の死に結びつかない。また、北米大陸の恐竜絶滅は今から６５００万年前と確定されているが、他の地域については絶滅時期が隕石衝突時期と同じであるとは確認されておらず、逆になだらかに絶滅していった可能性も指摘されている。

したがって、白亜紀末の生物種の絶滅には、隕石だけではない、複合的な原因が考えられる。

こうした点からも、5回の生物大量絶滅のうち、その多くにポールシフトが関与したと思われる。その様相はマンモスの氷漬けと同じで、温暖の地がポールシフトにより一瞬のうちに氷河の地となった。海洋生物も急激な温度低下にはついていけない。大量の生物が絶滅した後、再び温暖の地に戻るようなポールシフトがあったとすれば、マンモスとは異なり、死体が現代に残ることはない。

また、ポールシフトは、後述するように、その過程で必然的に地磁気の減少と増加を伴うが、そのこと自体、生物の衰退や成長に大きく影響するという指摘がある。

1968年、ハリソンらのグループは、太平洋、大西洋、インド洋の海底の泥の解析によって、過去の生物相の堆積の境界が、地磁気逆転と関係していることを指摘した。また、クレインは、地磁気逆転の頻度が高いときに生物種が消滅する頻度も高いことを1971年に調査で明らかにし、過去6億年にわたってグラフ化した。

さらには、伝染病と地磁気との関係を示すヤゴディンスキーらの調査（1971年）で、地磁気が増大すると赤痢、天然痘、ポリオ（小児まひ）、猩紅熱《しょうこうねつ》などの発生や、それによる死者が増加するというデータがある。ならば、ポールシフトにより地磁気が減少・増加する過程で、ある生物種に特有の伝染病が流行し、それによってその生物種が絶滅したと

図41　生物種絶滅の割合と地磁気逆転頻度との関係
（クレイン、1971）　（出典『生物は磁気を感じるか』講談社刊）

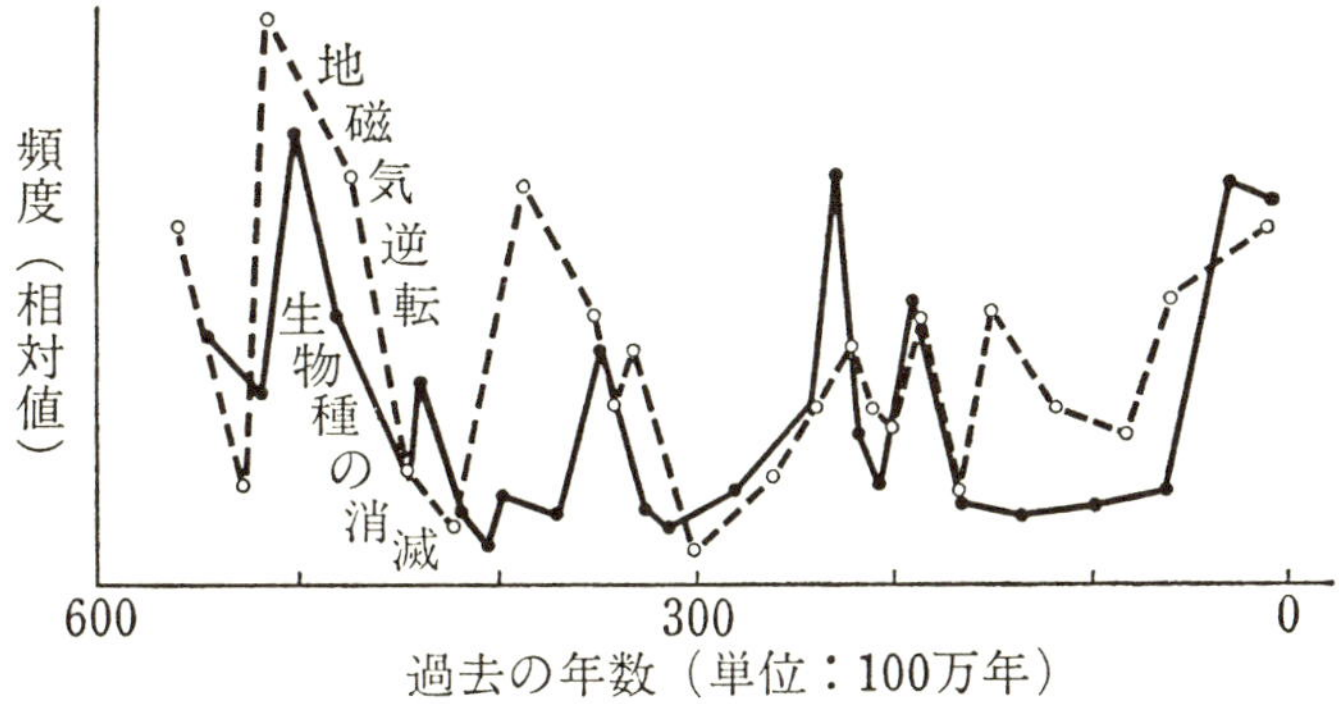

図42　各種伝染病と地磁気活動度との関係
（ヤゴディンスキー他、1971）
（出典『生物は磁気を感じるか』講談社刊）

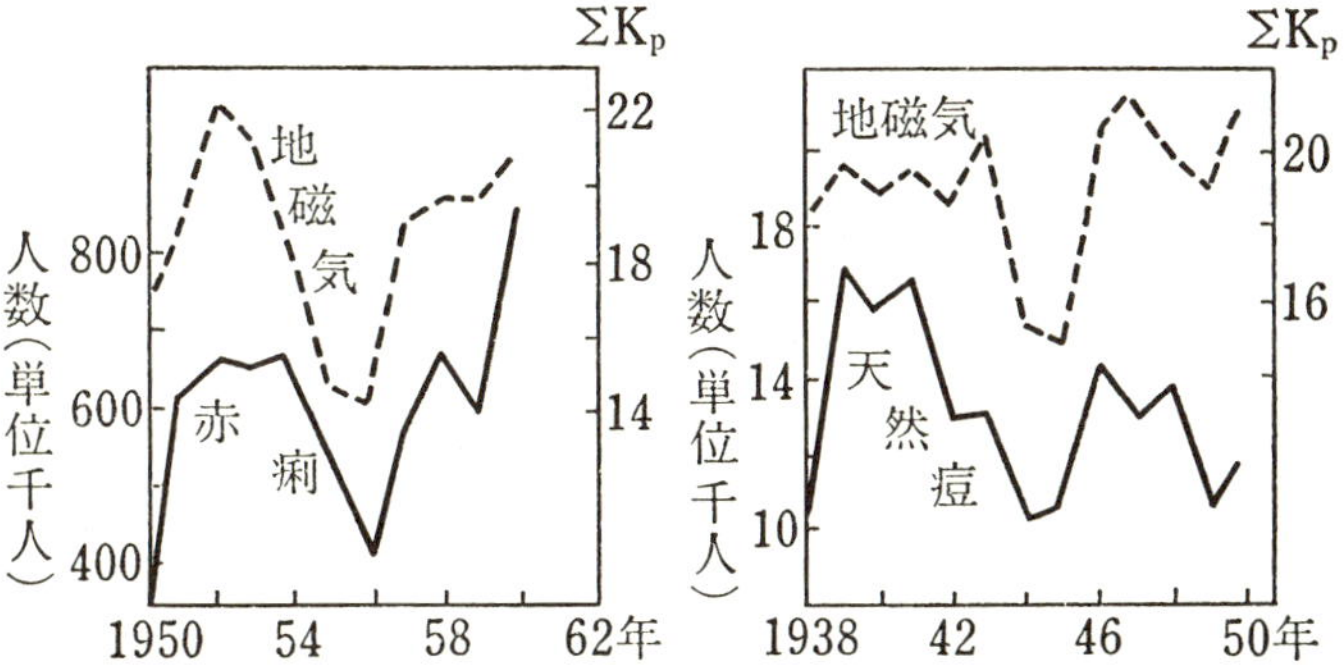

も考えられるのではないだろうか。

このように、地磁気逆転は、S・Nの磁極が代わるだけでなく、ポールシフトを伴うものであった。そう捉えてはじめて、氷河期やマンモスの氷漬け、生物種の絶滅などの謎が解けるのである。


それでは、ポールシフトは物理的にどのような原理で起きたのだろうか？ 地磁気逆転に限っていえば、最近、東京工業大学のグループが、これまでにない高解像度の地球ダイナモのシミュレーションで、地球中心核における電磁流体の動きとして、地磁気生成と地磁気逆転が自然に起きることを明らかにした（2005年、米科学誌『サイエンス』掲載）。それによれば、地磁気が逆転するときには、まず地球全体で地磁気が弱まり、赤道付近に帯状の極が発生。その領域は時間をかけて南北の極に移動する。この過程で磁力線の流れる方向は逆転し、N極とS極は逆転した。こうした現象の引き金が何であるのかはわかっていないという。

この実験結果は優れたものであるが、これだけでは、地磁気逆転があっても地球の外観は不動であるとする定説と何ら変わりはない。したがって、地磁気逆転は地球生命にほとんど何の影響も与えなかったことになる。これでは度重なる氷河期もマンモスの氷漬けもまったく視野に入れない仮説であるといってよい。

では、どのような原理でポールシフトが起きたかというと、推定するに、地球上空の環状電流が大いに関与しているものと思われる。

地球上空100キロメートル付近の電離層には、先に示したように西向きに流れる赤道環電流があり、地磁気と同じ方向に磁場を形成している。この環電流は２５００アンペアほどもあり、当初は、この環電流が地球磁場の原因かといわれたときもあったほどである。

赤道環電流の向きが変わると、磁力線の向きも変わる。磁力線の向きが変わると、その周囲に起きる電流の向きも右ネジの方向に変わる。つまり地球上空の環状電流の向きが変わることによって、地球内部の環電流に影響を与え、変化を促進させることになる。

赤道環電流が地磁気に寄与する割合は、地磁気全体の数％分とされている。だが、地磁気は１日の内でも変化しており、変化の原因の３分の２は地球外部にある。残りの３分の１も、地球外部の磁場変動に影響された地球内部の磁場変化であるといわれるほど、赤道上空の環状電流の影響は大きい。

それを知れば、まず地球内部の地磁気が弱まり、地磁気逆転の準備ができたころ、赤道環電流の向きが変わり、これに誘導されて地球内部の環状電流も変化し、地磁気逆転が起きているものと推定される。

つまり、地磁気逆転は地球内部の電流と地球上空の環状電流の連携プレーにより実現されているといえる。

なぜ、赤道上空の環状電流の影響を重視するのかというと、元・米国イェール大学医学部教授の、ハロルド・サクストン・バー博士が調べた、生物周辺の空中電位の研究成果が前提としてある。その詳細は後述するが、バー博士は、生物の成長・衰退には生物内部の電気特性の変化があり、その変化に先行するようにして、生物周辺の空中電位と地中電位が変化することを発見した。中でも、データから、特に空中電位がやや先行気味に変化するようだと指摘しており、このことはポールシフトにおいても同様と考えられる。

赤道環電流は、バー博士の調査した「木の空中電位」より相当、上空にあるが、空中電位であることに変わりはない。バー博士の研究成果を再現して、空中電位の先行が確認できれば、ポールシフトにおいても、赤道環電流の先行的変化が類推できると考える。

一方このポールシフト仮説に対する反論として、「地球磁場の逆転は、岩石に記録された磁場をみる限り、ほぼ正確に180度の反転を繰り返している。ポールシフト仮説の主張する、半分ほどの回転などはまったく記録されていない」という指摘が考えられる。

この問題についての解答は、地磁気の反転がはじまると、磁気が弱まってゼロに近くなるので、そのときの磁気は岩石に記録されない。だから、北米大陸やヨーロッパが極地方へ行くようなポールシフトは、岩石の磁気記録からはわからないのである。

逆にいえば、地磁気が弱まっている間、地球上空の赤道環電流が、北極星に対するＳ・Ｎ極の軸を維持して、地球を外部から支えていることになる。

また、地磁気の反転には300年～１０００年程かかるとされるが、それは地球内部のダイナモの反転運動だけに任せた場合であろう。

現実の逆転は私の仮説においては、地球上空の赤道環電流が変化を誘導し、かつ、促進するわけであるから、極移動はもっとすみやかに行われる。したがって温暖な地域の冬に大雪が何度も降り、その直後に極移動があれば、瞬時にして分厚い氷の氷河期に入る、あるいはマンモスが氷漬けになるということも起こりうるのである。

なぜ、地磁気逆転は地球の姿勢が変わるポールシフトであると明言するかというと、地球は北極星に吊り下げられた磁石であるからだ。

先ほど図表37で示した超伝導体と磁石入り地球儀の実験において、超伝導体に吊り下げられた磁石のS・N極をその場で反転させると、磁石入り地球儀はピン止めを外れて落っこちてしまう。これは、超伝導体と磁石はピン止めされた段階で一体化した磁石のようになっているためである。

現実の地球はS・N極を逆転させたからといって、無重力の宇宙空間で下に落っこちるということはない。それでも、一度、磁場が逆転して北極星のピン止めから外れ、公転軌道から外れると、再び自転と公転を元の通りに繰り返すようになるには、相当の困難がある。

実験では、超伝導体を再度、磁石入り地球儀にくっつけ、ピン止めをさせてから超伝導体を持ち上げ、そして磁石入り地球儀に回転を与えるというプロセスを経て、やっと元に戻すことができる。

このように、地球が公転軌道から外れた場合の、公転・自転を復元させる困難さを考えると、地磁気の逆転は、北極星に対する地球のＳ・Ｎ極の軸は変わらずに、地球の姿勢が変わるポールシフトであったと考える方が、無用な力を必要としない分、より自然である。

地球は太陽の引力で動いているわけではない。北極星に吊り下げられて自転と公転を繰り返している。地球の姿は不動で、Ｓ・Ｎの磁極だけが変わったとする定説には、この視点がまったく欠けているのである。

ポールシフトが「宇宙の子宮の中での回転と逆子直し」である以上、今後はもう、ポールシフトも地磁気逆転も起こらないといえる。なぜなら、地球は既に宇宙の子宮の中から脱しつつあるからである。あくまで原則としての話であるが、ポールシフトが起こらなければ、今後、温暖な地域が氷河期を迎えることはないし、多数の生物種が一時期に絶滅することもないということになる。

月が地球を回るのは？

次は、月の運動の解明をしよう。これもまた、知れば知るほど驚異的な動きである。

これまで、地球のまわりを27.3日かけて１周する月の運動は、ニュートンの万有引力の法則を使って説明されてきた。

月が地球のまわりを回るのは、地球の重力（引力）が月に働いているからで、月が地球に落下してこないのは、円運動による月の遠心力と、地球の引力が釣り合っているからだとする。そして実験としていつも紹介されるのは、ミニチュアの月がヒモで結ばれて、空中で回転している図である。

今でも月の運動に関しては、アインシュタイン流の「地球の重力によって空間が曲がり、その曲がりの測地線に沿って月が回っている」という説明よりは、ニュートン流の、地球の引力と月の遠心力による説明のほうがわかりやすいという方は多いだろう。

だが、現実の月と地球はヒモで結ばれているわけではないから、ヒモをつけての円運動の実験は何の証明にもならない。

もちろん、アインシュタインの言うように、地球の重力で空間が曲がって、その測地線を月がサーフィンのように滑っているわけでもない。

万有引力の法則にしろアインシュタインの重力理論にしろ、実在しない証拠に、これらは実験室や無重力の宇宙空間でミニチュアをつくって再現することが全くできないということは、先に示したとおりである。

一般に、物理や化学などの自然科学の法則は、どのようなものでも実験室内で再現できるのが原則である。特に、物理的にミニチュアをつくって実験可能なものであるなら、再現できない方がおかしいといえる。したがって、ニュートンの万有引力やアインシュタインの空間を曲げる重力が実在する力であるなら、実験室内のミニチュアで月と地球の動きを再現できるはずだが、現実には100％不可能である。

これらのことから、月の円運動は引力と遠心力以外の、別の力による。いわば未知の力で、その力もまた超伝導と永久磁石を使った実験で再現できるというのが、私の考えである。ただし、先ほどの永久磁石を埋め込んだ地球儀とは、その方法は大きく異なってくる。

次ページの図表43は、岩手大学客員教授の佐々木修一氏が考案した超伝導体の実験だが、鉄で直系1.5～2メートル、幅５センチほどの楕円形のドーナツ状の軌道をつくり、その軌道上に小さい永久磁石を同じ方向に密集して張り付ける。そして、その軌道が宙に浮くように支柱で固定する。

こうしてできた、永久磁石を張り詰めたドーナツ状の軌道に、マイナス196度の液体窒素で冷やした超伝導体を乗せ――とはいっても垂直の軌道面に並行に置くのだが――ピン止めされたことを確認後、初動を与えると、超伝導体は空中に浮いたまま軌道に沿って高速

図表43　どんな角度になっても永久磁石レールの上を離れずに
滑走する超伝導体

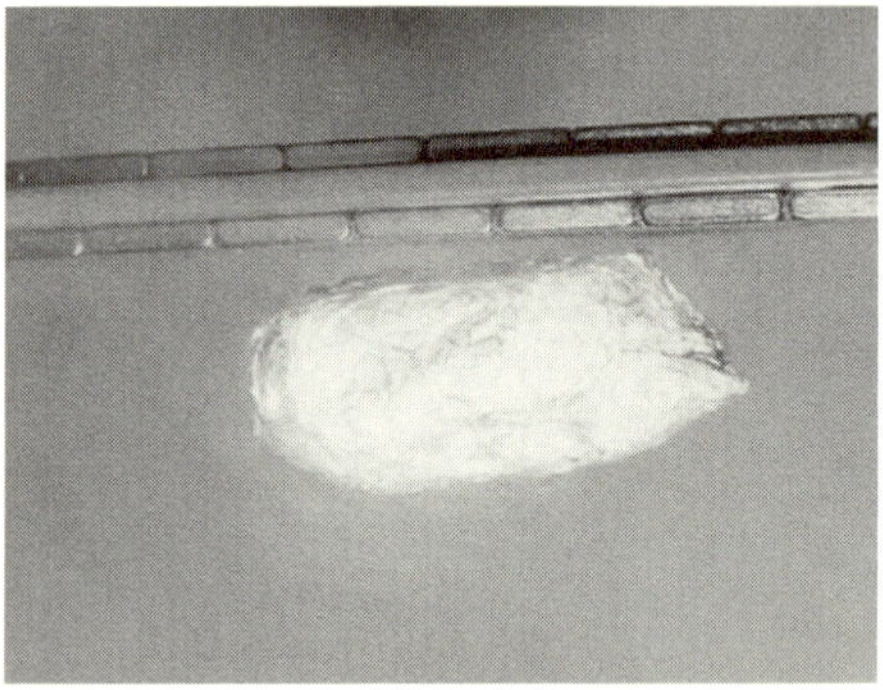

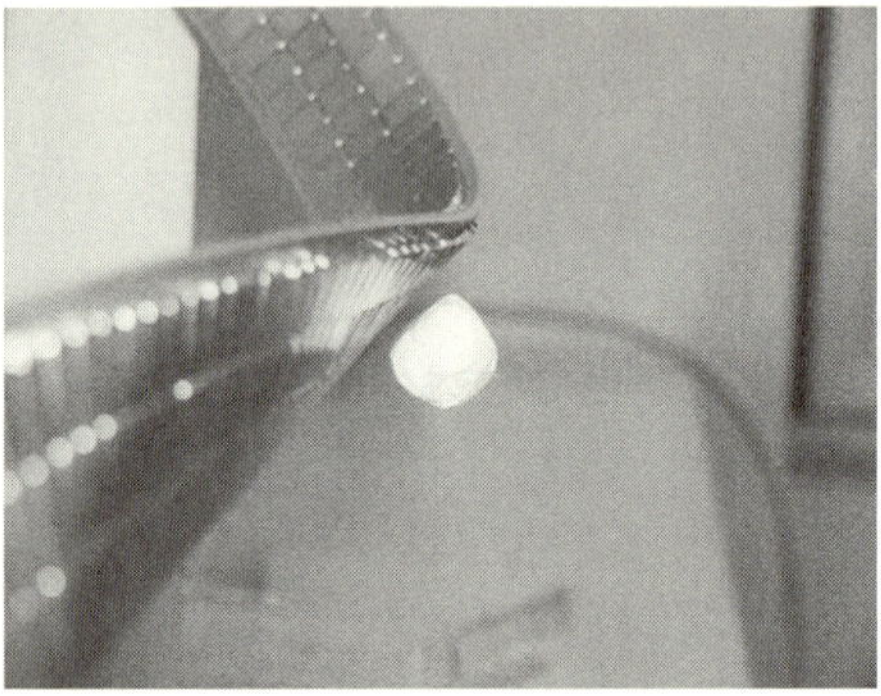

（岩手大学客員教授　佐々木修一氏製作）

で走り続ける。いわば超伝導モノレールである。

この走行は超伝導体が軌道の下側になっても宙に浮いて吊り下げられたまま走り続け、温度が高くなって超伝導状態が途絶えるまで続く。

この実験は、テレビでも紹介されたことがあるので、ご存知の方もいるかもしれない。とりわけ不思議なのは、超伝導体が垂直の永久磁石レールに並行となったり、下になったまま宙に浮き、何の支えもないのに高速で走り続けることである。なお、超伝導体はドーナツ状のレールに沿って走り続けるだけだから、それ自体が自転することはない。

先ほどの超伝導体と永久磁石入り地球儀では、ピン止め効果により、地球儀が宙に浮いて自転した。この超伝導モノレールも、超伝導体が宙に浮くという点でピン止め効果が働いている。だが、それだけではない動きをする。その原因分析は超伝導体研究者にゆだねるしかないのだが、事実として永久磁石をズラーッと並べたドーナツ状の軌道に沿って、超伝導体は宙に浮いたまま、高速で走り続けるのである。

この実験事実を頭に叩き込んで天体の動きを想起すると、月が地球をまわるのは、この超伝導モノレールの原理によっていると考えられる。つまり、月の軌道に沿って、宇宙空間に永久磁石レールに似た軌道があり、その軌道の上を超伝導体である月が走行しているというわけである。

奇想天外な、仰天するような仮説であろうが、それを承知で根拠を披露させていただくと――。

まず月の温度である。月は太陽の当たる昼側と夜側で温度差がかなり激しい。このうち、夜側となる月面はマイナス150度C前後と、いつも極低温である。

この極低温の面を絶えず持つことが、超伝導状態の維持にとっては極めて重要である。なぜなら、月が超伝導体だとして、超伝導状態の維持には極低温の環境が必要なことは地球上と変わらないはずであるからだ。この点で、月が超伝導体であるための第1の要件は整っている。

第2に、地球上で比較的高温でも超伝導体となる物質は、酸化物超伝導体といって、典型的には先ほど紹介したイットリウム、バリウム、銅で構成された物質がある。最近では、温度を問わなければ、全元素の約半分が超伝導体となることが判明し、その傾向は一部を除き、硬い金属元素が多い。

月の表面にはチタニウム、クロニウム、ジルコニウム、イットリウム、ベリリウムなど非常に硬い希少金属が多量に含まれる。これらは、超伝導体となるにふさわしい物質と思われる。

第3に、月は約27.3日で地球のまわりを1周するが、絶えず地球に同じ面を見せながらまわっている。これは、月の公転の周期と自転の周期が一致するためと説明されてきた。だが、偶然の一致にしてはできすぎで、地球が自転するように月も自転しながら公転している、と考えるから説明困難となる。

この自転と公転の一致は、超伝導体である月が、宇宙空間に敷かれた永久磁石レールの軌道の上を同じ速さで走っているだけだと捉えれば納得がいく。

超伝導モノレールでは、ドーナツ状につながれた軌道の内側なり、外側なりを、超伝導体が軌道に沿って走るだけだから、1周すれば、結果として1回自転をしたことになる。

つまり環状につながれた軌道に沿って走るだけで、独自の自転は一切無い。月の公転と自転の周期が一致するのは、まさにこの理由によるのである。

ところで、「月イコール超伝導モノレール走行説」を採った場合、最大の疑問は、「月が走る永久磁石レールの軌道はどこにあるのか」という点であろう。

ニュートンやアインシュタインの重力理論では、月の運行を根本的に説明できないと了解した人でも、新説を受け入れるには躊躇するといった場合、原因はこの問題にある。

これについての解答は、月を走らせる永久磁石レールは、宇宙空間を流れるコイル状電流によってつくられているというものである。

電気がコイル状に流れると、その中心に永久磁石があるかのように磁場が形成される。そのコイル状の電流が地球を遠巻きに1周してドーナツ状につながると、形成される磁場もドーナツ状につながった状態となる。コイル状電流による永久磁石レールの完成である。

このレールの軌道の上を、超伝導体である月が走行しているものと考えられる。


にわかには信じ難い仮説と思われるだろうが、宇宙空間に固体としての永久磁石があるわけがなく、それでいて、磁場をレールのように棒状につなげるとしたら、コイル状の電流ということになるだろう。

ここまではいいとして、それでは、宇宙空間に実際に、地球を取り巻くようにコイル状の電流がドーナツ状に流れているのだろうか、という疑問が新たに湧いてくる。

最近の地球周辺のプラズマ研究の成果〈『地球から宇宙へ』小口高、河野長著P160〜〉

図表44　磁場が一様でなく強弱があるとき、磁場が紙面に対して向こう向きで、上で磁場が強く下で弱いとすれば、電子は左へ、陽子は右へドリフトする。

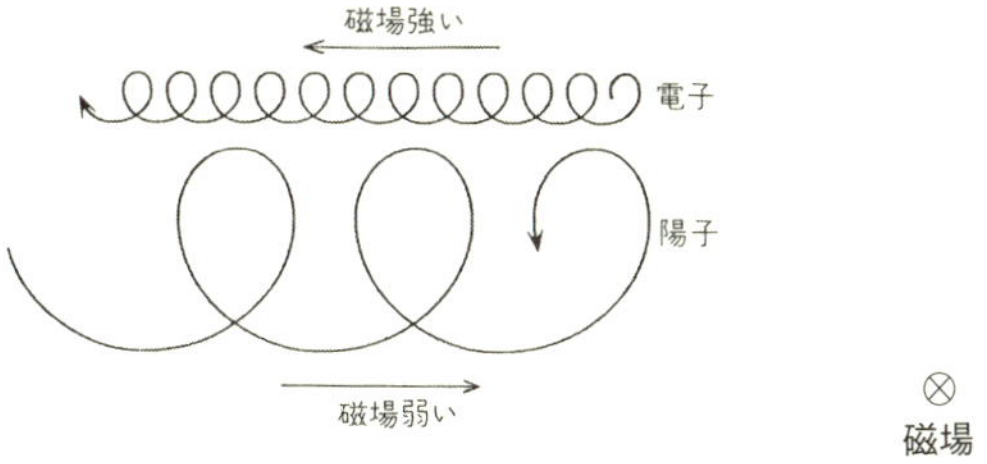

図表45　図表44で示したドリフトを地球のまわりで考えれば、電子は東回りに、陽子は西回りにドリフトする。

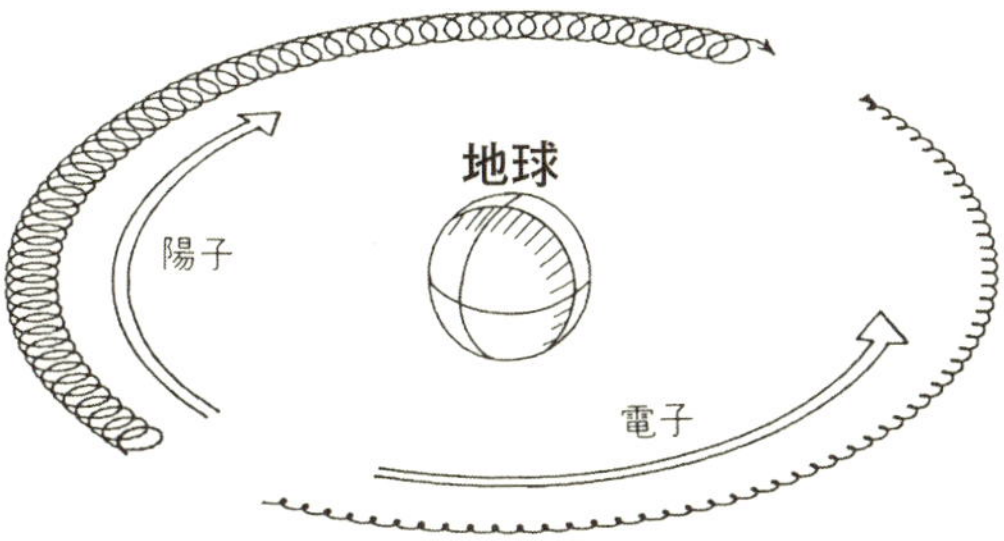

によれば、地球の勢力圏の極めて上空でプラズマとなった電子は、ドリフト（横すべり）しながら地球を東回りに回転し、一方、陽子は地球を西回りに回転しているという。

これは、分離して荷電プラズマ粒子となった電子や陽子が、磁場中を運動する場合、磁場が一様でなければ磁場に対して横すべりで動くことに起因する。

磁場が一様なら、プラズマ粒子は、電子も陽子も、磁力線に巻きつく螺旋型の運動をする。そのうち、電子は磁場の向きに見て右回りの、陽子は左回りの円運動をする。この動きは、ジャイロ運動あるいはサイクロトロン運動と呼ばれている。

だが、磁場に強弱があり一様でないとき、電子や陽子の荷電粒子は磁力線を乗り越えて横すべりする。

たとえば、地球のまわりの赤道面近くでみると、磁場は赤道面を横切って下（南）から上（北）を向いている。同時に、磁場は磁力線の内側ほど強いので、磁場勾配は地球の方を向いている。

プラズマ粒子の動きは、磁場勾配の向きと磁場の向きの双方に垂直に横すべりするので、この場合、横すべりは、この双方に垂直に、つまり地球を回る方向に起きる。ただし、電子と陽子は回転と横すべりの方向が違うから、電子はドーナツ状に地球を西から東へ、陽子は東から西へまわることになる。

極めて複雑な動きであるが、月の運動との関連で言えば、電子が回転しながら地球をドーナツ状に回るということは、電流がコイル状に流れて地球を環状に回るということと同義である。

電流とは電子の流れであるのだから、電子がコイル状に流れれば、その中心に永久磁石があるかのように磁界が発生する。

結果として電子の横すべりが地球をドーナツ状に取り巻けば、発生する磁界も地球をドーナツ状に取り巻くことになる。

超伝導体である月は、この電子の横すべりによってつくられる磁界レールの上を走っているものと予想されるのだ。

この仮説によった場合の難点は、地球上での超伝導モノレールの実験に比べて、現実のコイル状電流による永久磁石レールと月との距離が、相当に離れていることである。

したがって、すでに知られている地球勢力圏の電子の横すべり以外に、コイル状電流が月の軌道にふさわしいところに流れているのかもしれない。

あるいは北極星がはるか上空から地球を吊り下げるように、月も地上の実験と比べてはるか遠くを、軌道レールに沿って走っているのかもしれない。この点は今後の研究課題であろう。

だが、あくまで月の運行は、ニュートンの万有引力やアインシュタインのいう重力が原因ではなく、コイル状電流による磁界レールの上を、超伝導体である月が走っているのだ、とはっきり申し上げておきたい。

なお、このコイル状電流による磁界レールの軌道上を超伝導体が走るという動きは、地球が太陽のまわりを回る公転運動においても同じと考えられる。

地球は宇宙空間にあって、北極星という超伝導体に吊り下げられて自転する永久磁石であると紹介した。その中で地球の公転については未解決であったが、この問題も、北極星という超伝導体を走らせる磁界レールが、環状につながるコイル状電流によって宇宙の空高く形成されているものと思われる。

その軌道が、ちょうど北極星に吊り下げられて動く地球の公転軌道に配慮して設計・管理されていると推定される。

誰が設計・管理しているかは言わずもがなとして、そう捉えなければ、地球が無重力の宇宙空間に浮いたまま太陽のまわりを公転するなど、どう逆立ちしてもできるわけがないのである。

人類は、これまで説明した内容を地球上の実験室で再現するにしても、超伝導体と永久磁石入り地球儀、永久磁石レールと超伝導体というように、バラバラに分けて再現するのがやっとである。それを大宇宙神は、北極星、地球、太陽、月という巨大な星々を使い、何の支えも無い宇宙空間の途方もない距離で同時にやってのける。

まさに神の中の神、すべての神々さえ産んだ、元の元の大神の神技として、奇跡的な創造と管理であるといえる。

潮の干満は月の引力ではなく、空中電位で起こる

ここで、月が地球を回るのは、万有引力や重力によるのではないとする以上、地球上で起こる海水の干潮・満潮についても、その根拠を説明しておかなければならない。なぜなら、これまでの理論では、海水の干満は、地球に及ぼす月と太陽の引力によって起こるとされてきたからである。

引力説によれば、満潮が生ずるのは、月がある地域の天頂に達して、その地域の海水を引っ張るからであるとする。同時に地球の反対側も呼応して満潮となるが、地球の反対側は地球の中心に働く月の引力と海水に働く引力の差、そして地球が月に引かれることに対する遠心力とで満潮になるという。

ふたつの満潮地域の中間は干潮となり、地球の自転によって、満潮と干潮は日に2度ずつ生ずることになる。

月だけでなく太陽の引力もあるとされ、月と太陽と地球が一直線に並ぶ満月と新月のときには、両方の引力が重なって満潮はふだんにも増して高くなる（大潮）。一方、月が半分顔を出す上弦と下弦の時には、潮の干満の差は一番小さくなる（小潮）。

以上が、潮の干満における引力仮説であるが、この仮説がおかしいのは大潮のケースを考えるとよくわかる。

地球海水に対する月の引力を1とすると、太陽からの引力はほぼ0.5となる。太陽は月の400倍遠いためで、月が太陽と同じ側に来て並ぶ新月の場合、月と太陽の引力は合わさって1.5となる。

一方、満月では月は太陽と逆方向にあるから、地球の海水への引力は相殺されて、0.5と

図表46　太陽・地球・月の位置と潮汐力との関係。月と太陽の引力が重なる新月・満月時に潮汐力は最大になり（大潮）、上弦・下弦時に最小になる（小潮）。

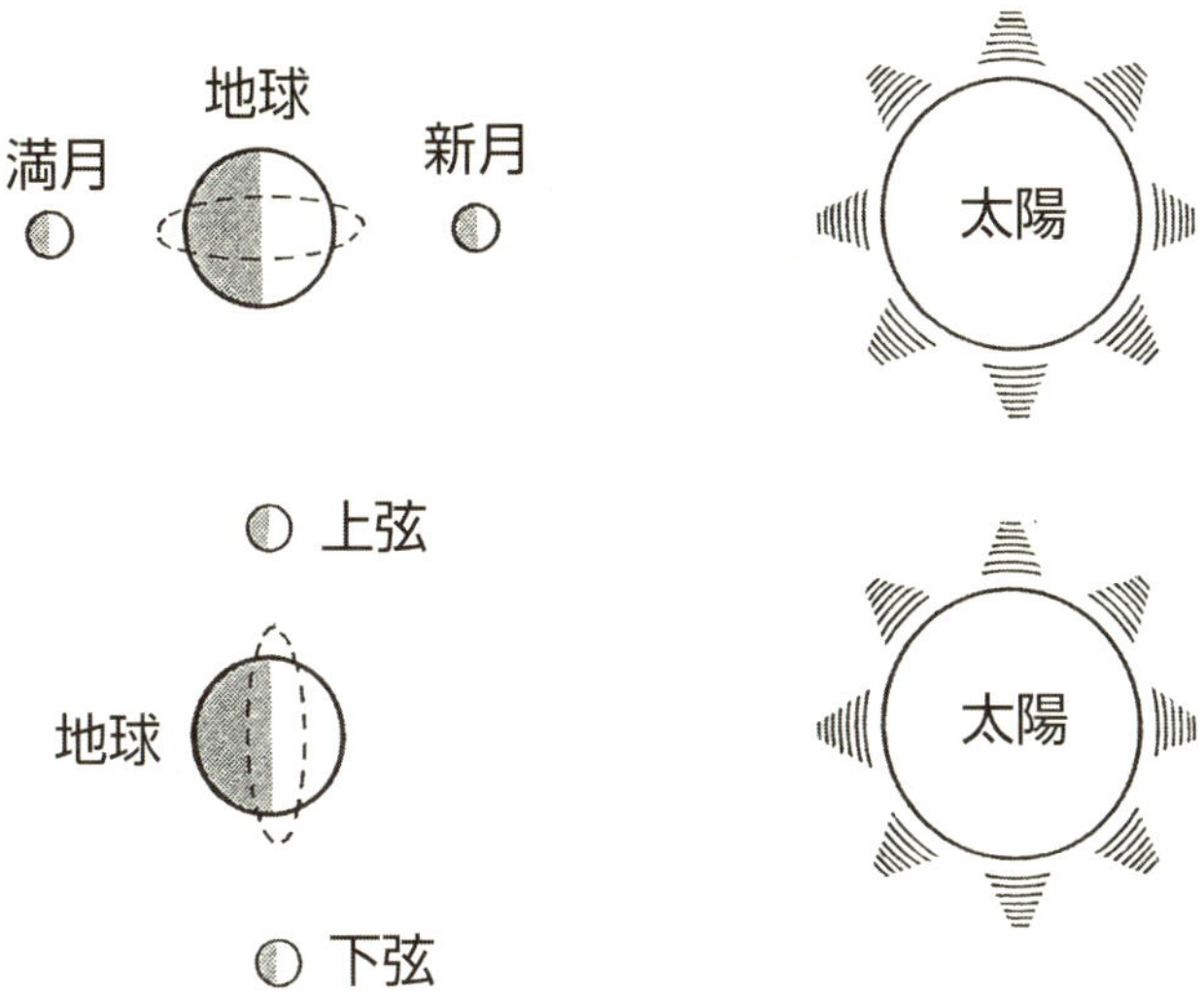

なる。つまり新月と満月では海水への引力が3倍も違うのに、同じ程度の満潮が起こっているのは何故なのか?

月が天頂に来るたびごとに、地球の反対側も満潮になるというのもおかしな話で、定説では、地球が月に引っ張られて地球の反対側の海水は置き去りになるためと、月に引かれることによる地球の遠心力で、反対側の海水も満潮になるという。この場合の遠心力とは、地球が自転も公転もしていないと仮定して、月から見て地球が月のまわりを回ると考えた場合の遠心力である。

だが、地球は月のまわりを回っているわけではないから、月に対する遠心力は存在しない。仮にあったとしても、地球の自転と公転による遠心力の方が圧倒的に大きいはずで、それは月の位置には全く関係がない。

地球の自転による遠心力で、赤道付近の海水が絶えず膨らんで満潮になり、それも太陽と反対側の海水面が、公転による遠心力で最も盛り上がり続けるはずであるが、そうなっていないのは何故なのか?

また、地球の反対側の海水は、月に引かれる地球に置き去りにされて満潮となるという。それでは、月が天頂に来るたびに、地球の軌道が月側に引っ張られて変化することになる。

さらに、地球の反対側の海水が、常時置き去りにされるためには、地球の軌道が、絶えず月側に移動し続けなければならない。地球が月側への移動を停止すれば、荷を積んだトラックにブレーキがかかったようなもので、荷物である海水は地球に追いつき、慣性の法則で、水面は逆に大きくへこんでしまう。

つまり、月が天頂に来るたびに、地球の反対側の海水が満潮になるというのは、どの点から考えても説明不可能な、矛盾ばかりのこじ付けなのである。

海水という液体に月や太陽の引力が働くとする点も、引力仮説のおかしいところである。海水は固体ではないから、水の１分子ごとに地球と月と太陽の引力が働くことになるが、万有引力の公式に当てはめて計算すると、海水１分子に働く月からの引力は、地球からの引力の約28万分の１にすぎない。月からの距離が遠いためで、これでは綱引きを28万人対１人でやるようなもので、月や太陽からの引力は海水分子に働きようがない。

もちろん最もおかしいのは、月や太陽の引力が無重力の宇宙空間を伝わってくると考えることである。無重力とは無引力のことである。その無重力の宇宙空間を越えて、月や太陽の引力が地球の海水に働くことはありえない。

そもそもニュートンの引力仮説は、欠陥を指摘されてアインシュタイン理論にとって代わられた。その欠陥理論が、海水の干満のときだけ、以前と変わらず独占的な説明理論となるのはおかしな話ではないか。

このように、潮の干満の現象は、どの方向から見ても科学的な説明は不可能である。それでは、なぜ潮の干満は起こるのであろうか？

その原因を知るには、元米国イェール大学医学部教授の、ハロルド・サクストン・バー博士による空中電位の研究について知る必要がある。

バー博士は、若干26歳で博士号取得以来、83歳で死ぬまで、一貫して生物の電気力場の測定と研究に打ち込んだ。なかでも重要なのは、植物周辺の空中電位と地中電位が植物に及ぼす影響を研究した事例である。

バー博士は、1953年から20年以上にわたって、カエデの木とニレの木の地上1フィート（30センチメートル）と4フィートのところに電極を取り付け、時間ごとの電位の値を記録した。同時に木の周辺の空中、ならびに地中の電位も記録し続けた。

それによれば、木には幹の上方と下方でゼロから500ミリボルトの電位差があり、正負の極性は原則として上方が正だが、季節変化や大幅な変動が起こることによって逆転することもあった。

木の電位記録の中で最もはっきりしていたのは日周サイクルだった。早朝は最も電位が低く、午後になると最大になるというのがこのサイクルの特徴で、数値と位相は日によって変わり、季節変化も認められた。

木の電位に影響しそうな環境因子のデータも、可能な限り取り続けられた。気温、気圧、湿度、太陽光線、天候、空中電位、地中電位、宇宙線などなど。それらのうち、木の電位とはっきりとした関連性が認められたのは、空中電位と地中電位であった。

その様相は、次ページの図表47を参照するとよくわかる。

バー博士は「データを見た限りでは、地中電位と空中電位の変動が、生物内部の電気特性の変動に先行して発生している。あたかも、外部環境の電気的変動が生物内部の電気的変動に影響を及ぼしているかのように」〈『生命場の科学』日本教文社P128〉と指摘している。

この発見は極めて重要で、木は動かないためデータが取りやすいが、取りにくい人間や動物の電気力場も観察した結果、バー博士は、すべての生物は空中電位と地中電位という電気力場によって律せられているのではないか、と結論づけている。

この観察と仮説は、人間を含めて生物の新陳代謝、成長および形態発生をコントロール

図表47　空中電位、地中電位、木の電位の記録

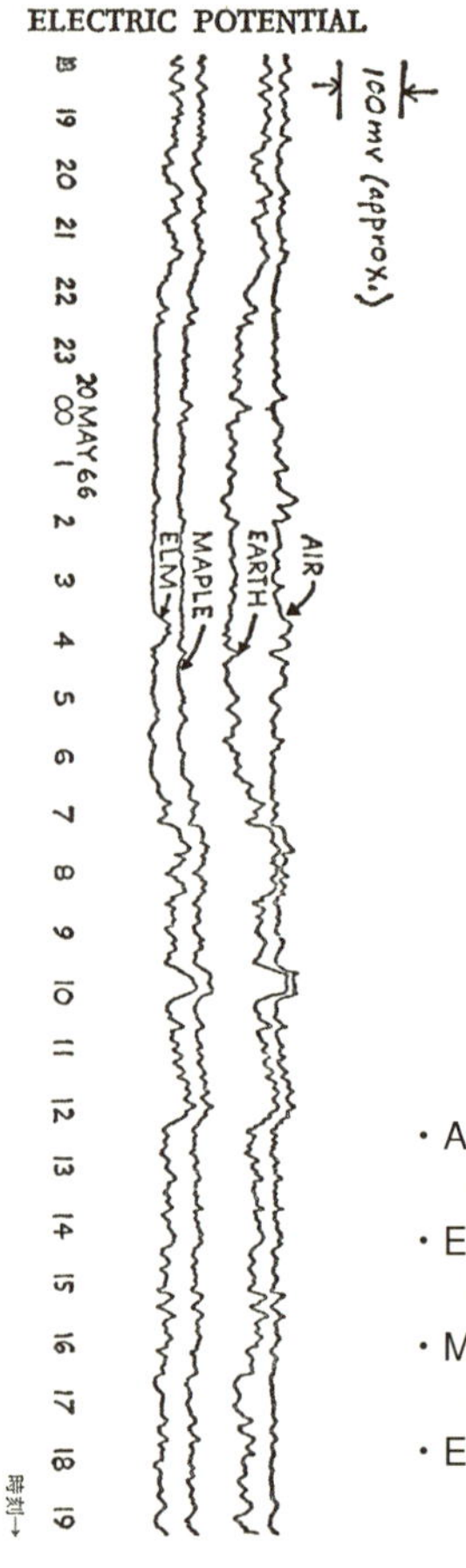

・AIR
（空中電位）
・EARTH
（地中電位）
・MAPLE
（カエデの木の電位）
・ELM
（ニレの木の電位）

（『生命場の科学』ハロルド・サクストン・バー著、日本教文社刊より）

しているのは空中電位と地中電位であるだろうとするものである。

「人間の身体はＤＮＡの神秘な活動から化学的に形成されたのだ」とする学会の多数説とは真っ向から対立するために日の目を見ていないが、しっかりしたデータに裏付けられた分析と見解であるので、いずれ高く評価されるときが来るであろう。

話を引力仮説に戻すと、バー博士の確認した空中電位こそ潮の干満をもたらす力であろうと考える。

月がその地域の天頂に来たとき、これを受けて地球海洋上の空中電位が変化する。海水にはバー博士の確認した「地中電位」に匹敵する「水中電位」があると予想され、その水中電位と空中電位の電位差が、１日２回の満潮時には大きく変化する。

空中電位を負、水中電位を正とすれば、プラスとマイナスの電気は互いに引き合う。この電気的引力が大きくなって満潮が起きる。もちろん、新月や満月の時には、その電位差は最大となって大潮が起こる。

一方、電位差が少なくなれば引き合う力は弱くなる。この原理を応用して空中電位が変化し、干潮が起きる。あたかも月や太陽の引力で潮の干満が起きるかのような現象を、地球海洋上の「空中電位」が媒介していることになる。

ちなみに、「滝の周辺にはマイナスイオンが豊富である」ことを発見したドイツのノーベル賞物理学者、フィリップ・レナード博士の『滝の電気について』の研究論文を見ると(有ユニバーサル企画ホームページより)、大気がマイナス電気を帯びているのに対し、食塩水は弱いプラス電気を帯びていることが示されている。

食塩水は塩分を含んでおり、海水の組成に近い。そして、マイナスの空中電位とプラスの水中電位は引き合う。この事実からも、バー博士の明らかにした空中電位によって海水の干満が起こっていると考えられるのである。

潮の干満が「空中電位と水中電位の差」によって起こる、という指摘についてまだ疑う人は、静電気の実験を想い浮かべていただきたい。

水道の蛇口を少し開けて水を細く垂らす。そこにこすった下敷き、あるいは帯電したストローを近づける。すると水は下敷きやストローに引きつけられながら落ちる。これは、水が静電気に引きつけられる証拠である。

静電気はこすらないと起きないが、筆者の簡単な調査をまじえて言うと、海水の場合は大気中の電位とプラス・マイナスの極性が違うだけでなく、電位差が大きくなって満潮が

図表48の１　静電気に水は引きつけられる。
この原理で満潮が起きていると考えられる。

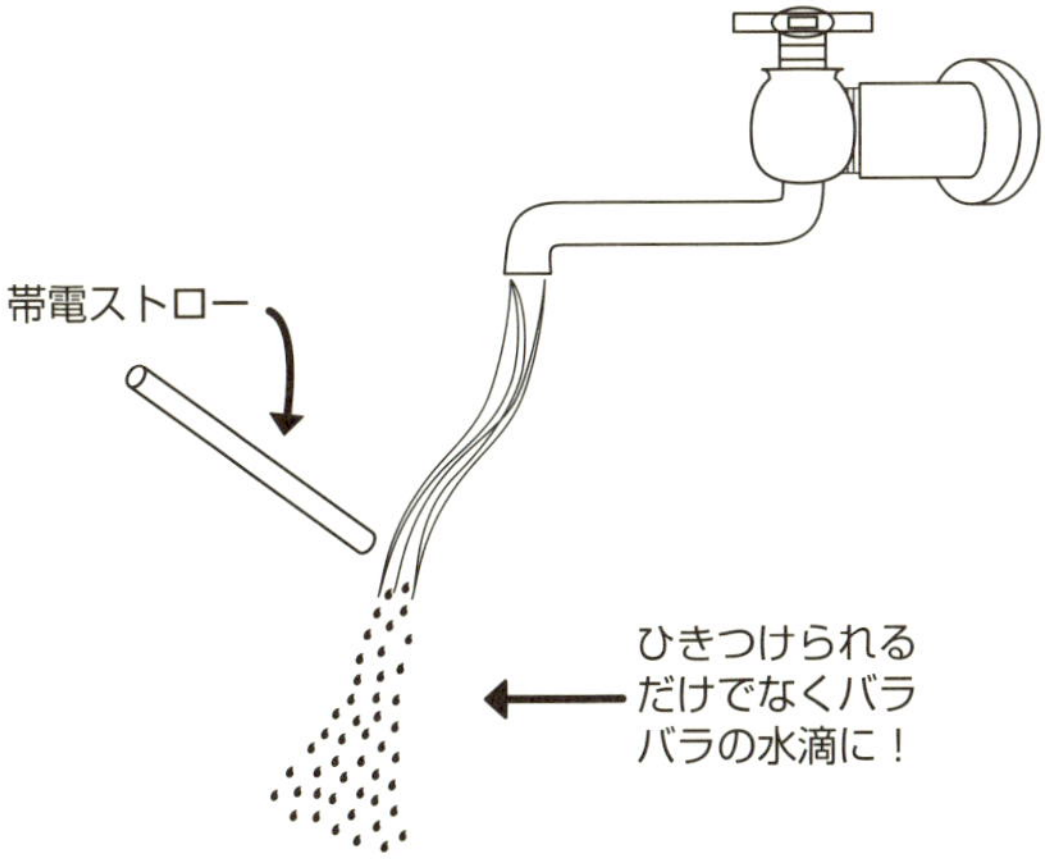
帯電ストロー
ひきつけられる
だけでなくバラ
バラの水滴に！

図表48の２　レナード博士による蒸留水、食塩水などの電位調査
（ただし、最近の精密な調査とは違うところもある）

	ボルトに換算した数値
蒸留水	−140
水道水	−3.4
食塩水	＋1.5

〈(有) ユニバーサル企画　ホームページより〉

起きる。一方、干潮の場合は大気中の電位と水中電位がともに変化して電位差が少なくなる。さらには驚くべきことだが、空中電位がプラスに変化して水中電位を反発力で押し下げ、干潮が起きているようなのである。

赤道や南極にあっても天を上、地を下と感じるのは何故か？

超伝導体と永久磁石、月の軌道仮説、潮の干満をもたらす空中電位と、これまであまり知られていない運動原理によって、地球関連の動きを立て続けに説明させていただいた。これらを考えるにつけ、地球という星はまことに不思議な、神秘な力を持った星である。

人類は21世紀になってやっと、その「地球神の超能力」の仕組みの何割かを初めて垣間見ることができつつある、ということであろう。

その神秘な能力のひとつに、「地球上の生物が赤道や南極にあっても天を上、地を下と感ずるのは何故か？」という問題がある。

この「上下の感覚」も、これまで取り上げられることはほとんど無かったが、地球という星を理解するうえで重要な内容を含んでおり、かつ物理的にも未解明である。

地球は大きな球体をしており、赤道近くであれば、地面は球体の側面としてほぼ垂直である。人類はその赤道付近では球体の垂直な面に直角に立って、そのままの状態で前後左右に何不自由なく動き、生活している。また、南極近くでは地球に足の裏だけ接して、頭を下にしながら、それでも頭を天（上）、足を地（下）と感じて何の違和感もなく行動している。この「上下の感覚」は一体、どう説明したらいいのだろうか？

人や動物が万有引力以外の、なんらかの力で地球にくっついているにしても、上下の感覚の源泉はまた別物である。

実際、地球の北極地方を「絶対的な上」、南極地方を「絶対的な下」とすると、人が南極地点で台の上から飛び降りる場合、「絶対的な下から上に向かって落下」する形となる。それでも、人間の感覚では誰もが、「単純に上から下へ落下した」と感じている。

それはなぜなのかというと、人間や動植物は体内に磁石を持つことが発見されている。特に人間については、心臓と脳から生体磁石が発見されており、この生体磁石が「上下の感覚」形成に大きく貢献しているものと推定される。

生体磁石の事例を示すと、伝書鳩は数百キロ離れた初めての場所からでも、自分の巣に戻ってくることができる。

鳩の場合、脳の頭蓋骨の一部に、天然の状態で磁石になるマグネタイトがあることがわかっている。マグネタイトは一定方向に整列していて、その中をたくさんの神経が通っている。この生体磁石を持った細胞が、磁気センサーの役割を果たして方向を探知しているのである。

また、サメやエイなどは、地磁気の中を魚が泳ぐことによって電磁誘導で発生する電流を感知して、方向を確認している。

中でも注目すべきは、走磁性微生物である。走磁性微生物とは、体内にマグネタイトなどのミニ磁石を保有する微生物で、地磁気に反応して移動する。すでに球菌、らせん菌など10種以上の走磁性微生物が発見されているが、例外なく北半球には北指向性のもの、南半球には南指向性のもの、赤道付近には両方が混在して住んでいる。

さて、人間の生体磁気は、１９６０年代に心臓や脳、筋肉から発見されており、心臓から発生する磁界の強さは、地磁気の強さ（50マイクロテスラ）の約100万分の1、脳の発生する磁界はさらに小さく、約1億分の1ほどである。

磁石には、永久磁石と、電流が流れることによって発生する誘導磁界の2種類がある。生体磁気にもこの2種類があり、心臓や筋肉、脳の一部からの磁界は生体電流によって生

図表49　鳩の頭にコイルで磁界を与えると、巣に戻れなくなる。

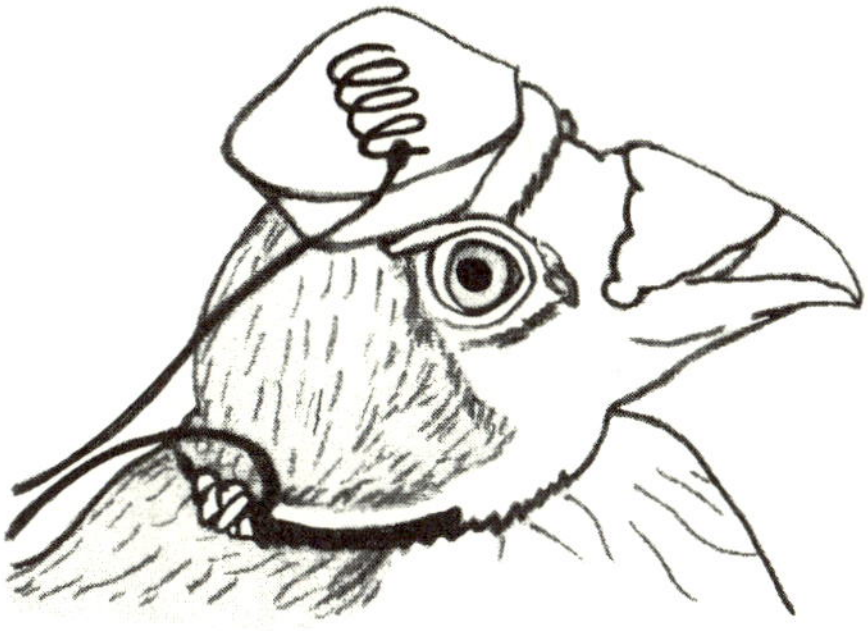

図表50　マグネタイトの粒を体内に保有する走磁性微生物
（『磁石と生き物』コロナ社）

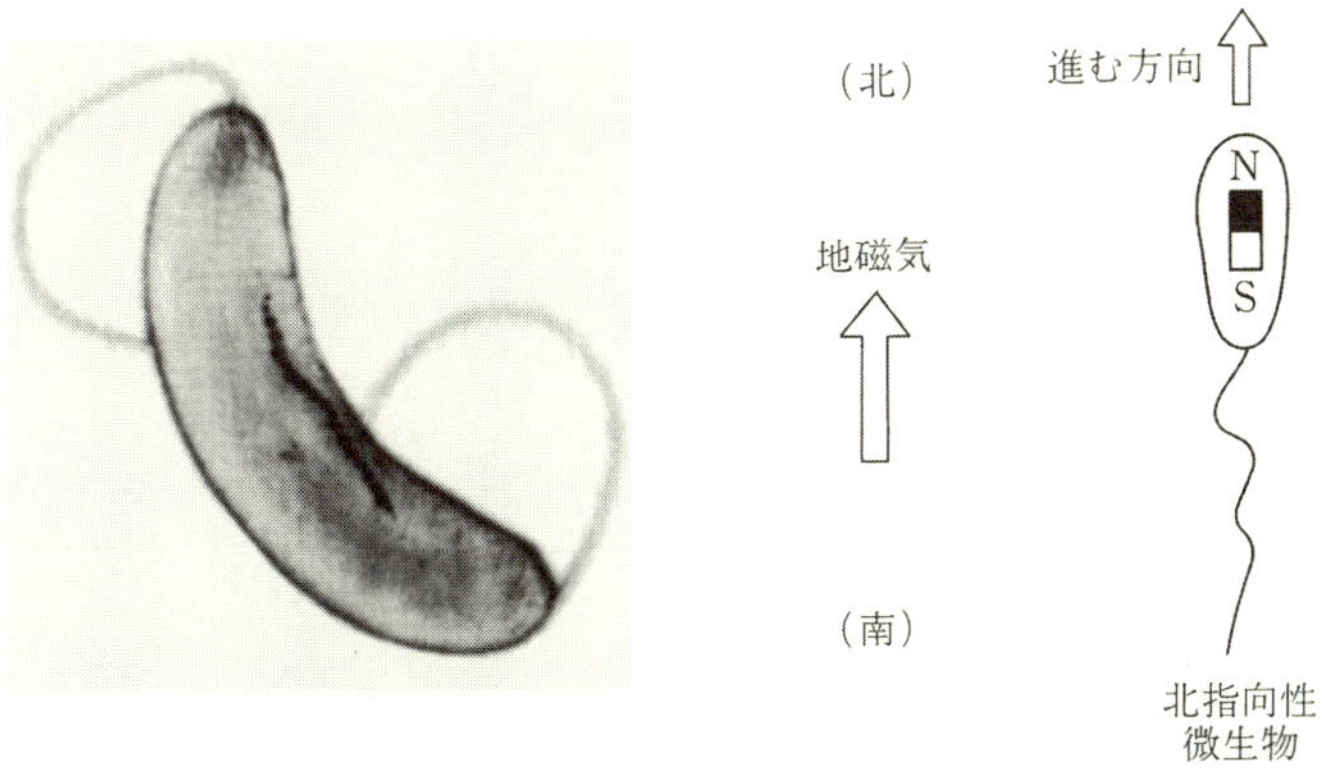

走磁性微生物は体内の生物磁石で進行方向を決める。

ずる誘導磁界である。

問題は、赤道付近や南極にあっても、地球の大地を下、天を上と感じる「上下の感覚」であるが、これは生体磁気のうち、永久磁石の機能を持つ細胞によって担われているものと推定される。最近になって人の脳内で発見されたマグネタイトが、この役割を担っているのだろう。

何故かというと、生体電流によって生ずる誘導磁界では、時間の経過によって磁界の大きさや方向が変化する。それゆえ、自然界で永久磁石になるマグネタイトのような物質が脳内にあって永久磁石化し、そのN極の指す方向を、人は「天、上」と感じ、S極の指す方向を「地、下」と感じるようにできていると考えられる。

今のところ、発見されている脳内のマグネタイトは極めて微量であり、どのような役割をしているのかわからないというのが学会の通説である。だが、微量であっても「上下の感覚」を司るのに不自由はないだろう。

今後、他の動物も含めて、脳内、体内のマグネタイトが上下の感覚を司るものであると立証されることを信じて疑わない。そうした上下の感覚を司る器官が備わっていなければ、人は赤道や南極にあって天を上、地を下と感ずることができず、たえず垂直落下や逆立ち

図表51　生体電流による生体磁気

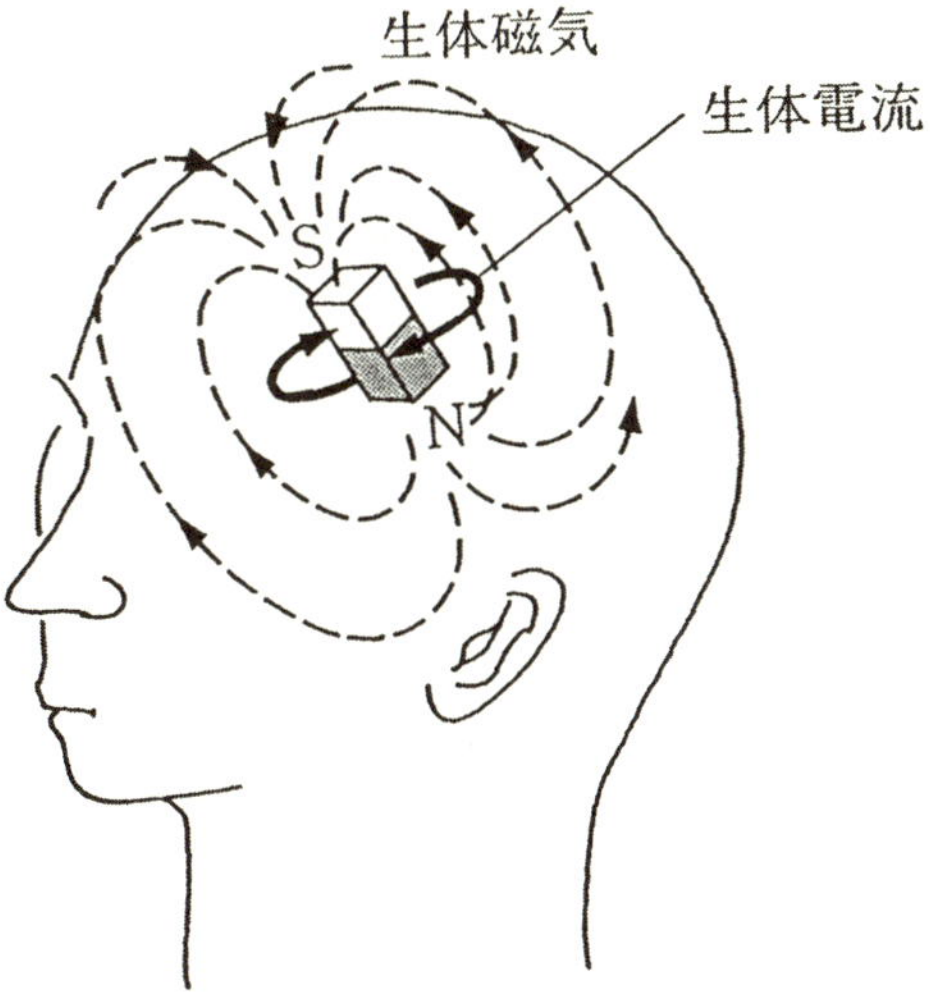

歩行の恐怖におびえていなければならないのだから。

なお、上下の感覚形成に「視覚が関与している」という考えがある。否定はしないが、視覚による上下の把握は、あくまで後天的、経験的なものである。

なぜなら、宇宙飛行士の体験によれば、宇宙の無重力空間に飛び出すと、上下左右の感覚が全くわからなくなってしまうからだ。このため、スペースシャトル内では、あらかじめ何か目印を見つけておいて、それによって上下左右を把握するということである。このことは、視覚による上下の把握が、目印を覚えておくように、経験的につくられたものであることを示している。

われわれは、微量なマグネタイトが体内にあって上下の感覚を教えてくれていることを知り、感謝しなければならない。これこそ、地球という星に宿る生命が上下を混乱しないように、地球神が与えてくれた絶妙な人体の構成なのだ。

第6章

地球の創造——月は地球の母だった

日月、日、月、地球の順

前章において、地球という星のさまざまな奇跡を紹介した。地球が半永久的に自転して、かつ公転する理由、潮の干満の原因など、その神秘な力の源泉は超伝導や空中電位、脳内磁石など、どれも驚嘆するものばかりだった。

それらの奇跡をなす存在を「国常立之神という名前を持つ地球神」と紹介したが、大宇宙について創造のときがあったように、当然、この地球についても創造のときがあった。

私は本書を書くにあたって、ビッグバン理論とは異なり、できるだけ科学的に実験可能、検証可能であることを前提に理論を組み立てている。ただし、『日月神示』やその系統の書物などに色々と啓示や示唆を受けて今日に至っていることは事実である。その中でも地球の創造に関しては、ほぼ丸ごと『日月神示』の示唆に依拠している。

地球の創造に関するこれまでの科学者の学説や無関心さを考えると、まさに『日月神示』の言葉が無かったら、地球上の誰一人として、永遠に地球の創造の真実について知ることができないままでいるだろう。そう言っても過言ではないほど、地球創造のプロセスは複雑難解で、人類の開発した科学だけでは解明困難だといえる。

その『日月神示』の言葉であるが、かつては『古事記』の元となった神話本に書かれていた。だが、ある理由によって一部が削除されたと思われる。

なぜこう明言できるかというと、『日月神示』のある部分をつなげると、古事記で削除されたと推定される部分が復元され、日本神話の元はこうであったろうという全容が浮かび上がってくるからである。

『日月神示』の上巻「日月の巻　第6帖～第40帖」にわたって、それぞれの冒頭にカタカナ文を中心に示されている部分がそれで、そのうち地球の創造に関連するのは次の部分である。

「ココニイザナギノミコト、イザナミノミコトハ、ヌホコ、ヌホト、クミクミテ、クニウミセナトノリタマヒキ、イザナギノミコトイザナミノミコト、イキアハシタマイテ、アウ、アウトノラセタマイテ、クニ、ウミタマヒキ」（日月の巻　第24帖）

「ハジメ⦿《ヒツキ》ノクニウミタマヒキ、☉《ヒ》ノクニウミタマヒキ、☽《ツキ》ノクニウミタマヒキ、ツギニクニウミタマヒキ」（日月の巻　第25帖）

『日月神示』のこの部分は極めて重要で、最後の「クニウミタマヒキ」のクニとは地球を指す。

『古事記』によれば、イザナギの命、イザナミの命は、日本列島の国生みと神生みだけに関わったことになっている。だが『日月神示』によると、イザナギの神・イザナミの神――ただし、これは大イザナギ神、大イザナミ神として別に考えるべきだろう――は、太陽、月、地球の創造にまで関わったとされているのである。

その創造の順序は、「ヒツキ、ヒ、ツキ、クニ」とあるように、まず日月一体、次に太陽、続いて月、そして最後に地球である。

つまり『日月神示』によれば、地球は月の後に創造された。もっと言えば、地球は月を母体として、いわば月を母として生まれたということになる。

この『日月神示』の記述による驚愕の指摘が真実であるか否かを、以下に検証していきたい。

これまでの月形成説の欠陥

一般に、今日の科学では、月と地球の関係については、

①地球から月が分かれたとする月分裂説（地球が親で月は子供）
②地球のマントルから蒸発したガスの雲が冷却、沈殿し、月をつくる材料となったとする月沈殿説
③月は地球の兄弟惑星として、ほぼ同時につくられたとする兄弟説
④火星サイズの天体が地球に衝突し、地球と衝突天体の双方から物質が放出され月になったとする衝突放出説
⑤月は太陽系のどこかでつくられ、後に地球の近くに来て捕獲されたとする月捕獲説

が考えられている。だが、これらの月形成に関する説はどれも致命的欠陥を抱えている。まず月分裂説、月沈殿説、地球と兄弟説、衝突放出説であるが、これらの説が成り立たないことはすでに明白になっている。

図表52　月と地球の関係

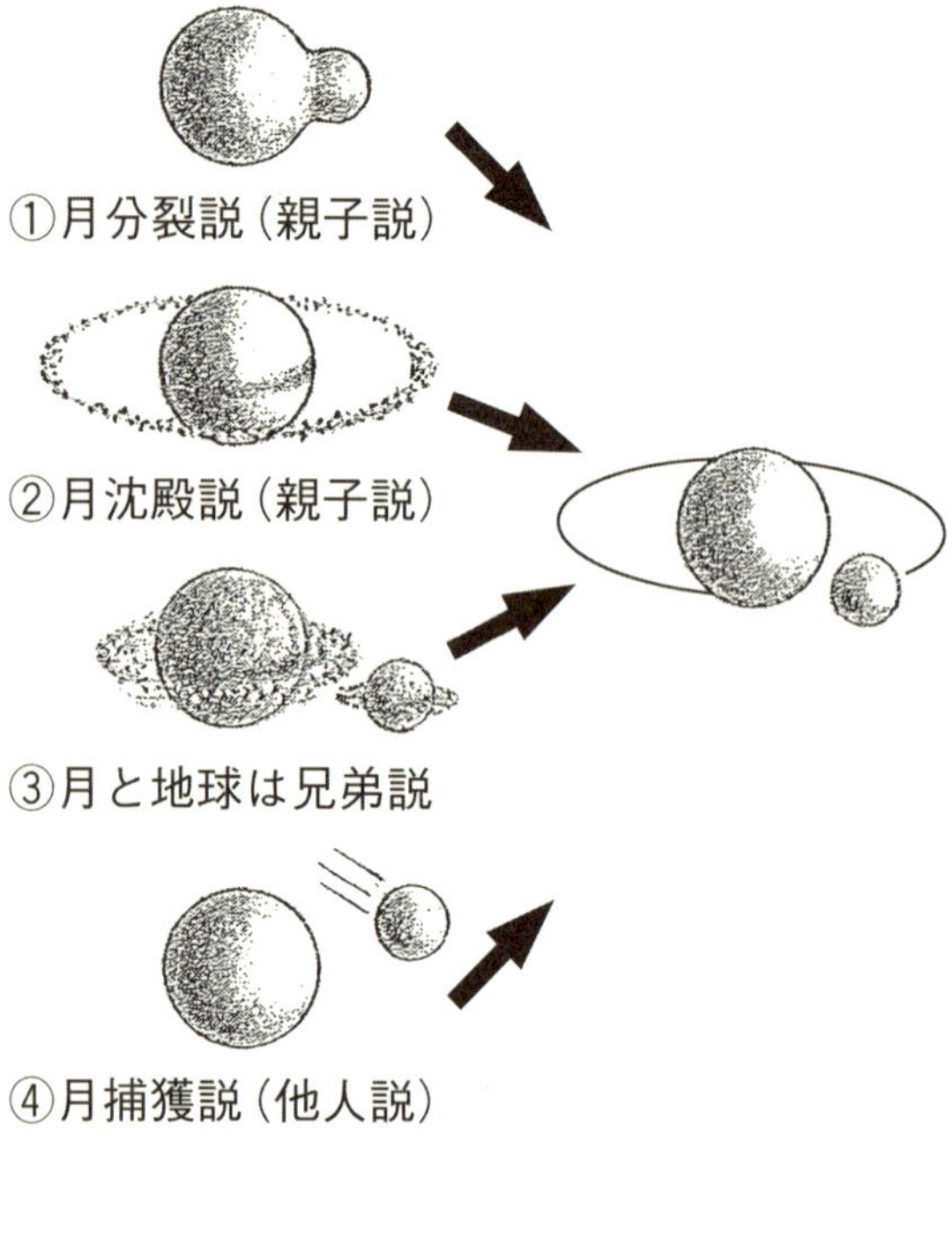

もし、月が地球から分裂や衝突によって分かれたのなら、月の組成も年齢も地球とほぼ同じでなければならない。月が地球の兄弟星であっても、この条件は同じである。

だが、地球に持ち帰った月の石の最古のものは、46億年前にできたものである。一方、地球で見つかる岩石の年齢は最古のもので38億年前のものである。月での石の採集はごく一部であり、今後さらに古い月の石が発見されるかもしれない。一方、地球での採集は全地をほとんど網羅して最古と確定していることを考えると、月の年齢は地球より古いと言わざるを得ない。

また、地球の岩石には必ず水が含まれているが、月の岩石には全く含まれておらず、ナトリウムやアルゴン、塩素などの揮発性物質の含有量が少なく、ウランなどの揮発しにくい物質をより多く含んでいるという。

つまり、月は地球よりも古く、かつ地球とは違う組成をしているから、地球が親とか兄弟であるという説は成り立たない。

また、月が地球のガスからできたのなら、年齢は地球の方が古くなければならないが、これも現実は全く逆である。

次に月捕獲説であるが、月と地球の年齢差、構成物質の違いの説明はつけられるものの、これまでの重力理論をもってしても、月のような大きな天体をタイミングよく捕らえることは確率としてあまりにも低いとされる。もし月がよそからやってきて、地球の引力によって捕らえられたものであれば、細長い楕円軌道を描くはずだが、月の軌道はほぼ円形であることも説明困難となっている。

もちろん、重力によって月を捕獲するなど、無重力の宇宙空間ではありえないことは先刻ご承知のことであろう。

そんなわけで、月の生成について語られてきたこれまでのどんな理論も、科学的学説としては致命的欠陥を持つ。このため、「月は小惑星の内部をくり抜いて改造した巨大宇宙船だ」などという珍説も出る始末である。

月に関する重大疑問

生成の過程だけでなく、月に関する疑問は数多くある。そういう意味で、月は科学的に未解明の部分が多い謎の星である。その疑問をざっと挙げてみると――。

①月の年齢が地球や太陽系の起源より古いのはなぜか?

②月の表面の岩石に、チタニウムなど耐熱性に優れたレアメタルが多量に含まれているのは何故か？
③月の地震は極めて長く続き、内部が空洞と思われるのは何故か？
④地球に比べて月にクレーターが圧倒的に多いのは何故か？
⑤月のクレーターは、その巨大な面積に比べて一様に浅すぎるのは何故か？
⑥太陽系の他の星々に比べて月が地球の衛星として大きすぎるのは何故か？
⑦月の海が地球側に集中している一方、反対側にはクレーターが多いなど、月の表側と裏側の地形が極端に違うのは何故か？
⑧月の自転周期が公転周期と一致し、地球に対して裏側を見せないのは何故か？
⑨女性の生理の周期は月齢サイクルにぴたりと一致する。満月・新月のときに出産も多くなる。こうした人と月との関係は何なのか？
⑩人に限らず、月の満ち欠けで成長・繁殖する生物は数多い。その理由は？
⑪満月や新月のときには殺人事件や凶悪事件が増える。地震も増える。その理由は？
⑫月の位置によって地球に満潮や干潮が起きるのは何故か？

思いつくままにザッと挙げてみても、月にはこれだけの謎がある。いずれも現代の科学では解けないままの大問題ばかりである。

月は地球の母だった

『日月神示』によれば、太陽系の創造は、「最初日月一体、次に太陽、続いて月、そして最後に地球」という順序で創造された。

つまり、地球は月を母体として、いわば月を母として生まれたのである。

地球は、宇宙に現われる前は月の中にいた。地球の外側は月で、月の胎内にあって地球はある時期を過ごし、やがて月の外側に出てよい頃にまで成長して、胎児が出生するように地球は独立した星となったのだ。

もっとわかりやすく言おう。トリの卵を想像する。卵の外側の殻や白味は月である。中の黄身が地球である。卵が熟成して、やがて中の黄身がひな鳥となるように、月を母体として中の「黄身たる地球」が育てられ、やがて独立した星となった。

つまり「月は地球を育んだ卵」であり、月は地球の母だったということになるが、この『日月神示』から導かれた仮説の正しさを検証していきたい。

月が地球の母だとすると、月の年齢は当然、地球よりも古いことになる。アメリカの月面探査機アポロが持ち帰った月の岩石を調べると、最も古いもので46億年前であることは先に述べた。

同じ放射性炭素年代測定法で測った、地球の石の最古の年齢は、38億年前である。月については、月の裏側の石はまだ一つも採集されていない。地球上と違って、今後さらに古い石が発見される可能性のあることを考えると、明らかに月の石の方が古いことがわかる。だが、月は地球の母だったとするなら、月の年齢が地球の年齢よりも古いのは当たり前ということになる。

ちなみに、『日月神示』によれば、月は最初は太陽と一体であるから、太陽系の中でも、月は太陽とともに最古ということになる。月の石の古さは宇宙の中でも最古の部類に属するが、このことは『日月神示』の指摘の正しさを証明するものだろう。

月の内部の空洞の意味

昔、地球が、月の中に卵の黄身のような状態で存在していたとすれば、地球の抜けた後の月の内部は空洞のはずである。このことは「ゆで卵」の黄身が抜けた空洞状態を想像いただければわかりやすい。

月の地震（月震）の記録をとると、その振動の長さは異様なほどである。

1969年にアポロ11号が初めて月に人を送り地震計を設置して以来、八年間にわたって月震は観測され続けてきた。また、アポロ12号においては、使用済みになった月着陸船を、故意に月面上空64〜65キロメートルから月に衝突させている。結果は「月はゴンと叩くと鐘のようにグワーンと鳴り響いた」。

その振動の長さは驚くほどで、アポロ12号のときには55分間、13号のときには実に3時間20分もの間、振動が続いたのである。また、アポロ15号のときの実験では、衝突地点から1100キロメートル離れたところまで地震が伝わった。同様の衝撃を地球に与えても、せいぜい2〜3キロメートルしか伝わらない。

月は微細な衝撃にも敏感に反応し、アポロ11号の宇宙飛行士ニール・アームストロングが月着陸船のはしごにのぼる振動さえ、地震計で捉えられているのである。

これらの事実は、月の内部が空洞であることの明らかな証拠である。ノーベル化学賞を受賞したイギリスのユーリー博士や、月研究の権威として著名なイギリスのウィルキンス博士など、多くの科学者が「月の内部は空洞だ」とすでに認めており、もはや疑いがないといってよいだろう。

問題は、なぜ空洞であるかだが、それはかつて、そこに地球がいたからである。ゆで卵の黄身が抜けた後が空洞となるように、月も地球が抜けて中が空洞となっているのである。

クレーターは卵の殻の表面

月は「あばた面」とよく言われる。表面に大小無数の円形のクレーターが散らばっているためである。

直径300キロメートルを超える大型のクレーターだけでも数十個あり、最大級のものでは直径2500キロメートル、深さ13キロメートルにも及ぶ。

月にクレーターが多いことについて、これまでの通説では、宇宙から飛来した小惑星や彗星が月に衝突し、大爆発によって月の表土を吹き飛ばした跡であると考えられてきた。

だが、この説には大きな難点がある。砂地に斜め方向から石を衝突させると、砂面に出来るへこみは楕円形になる。隕石衝突説が正しいなら、月にも斜め方向から衝突した小惑星や隕石があったはずだが、現実の月のクレーターはどれもほぼ完全な円形である。

また、月面のクレーターが隕石の衝突で出来たとすると、通常直径10メートル以上の隕石衝突で直径の四〜五倍の深さの穴を開ける。つまり、V字型に深く掘られるはずである。直系100キロメートルのクレーターならば、深さは400〜500キロメートルのはずであるが、現実にはわずか3キロメートルほどの深さしかない。

天文学者は右の矛盾を説明するため、様々な説を考え出して説明しようとするが、どれも満足のいく説明には至っていない。直径1000キロメートルを超えるほどのクレーターが、惑星や隕石の衝突で起こったとするなら、その衝突の衝撃力は計り知れず、月を変形させ、さらには月の軌道をねじ曲げるほどになってしまう。

また、今あるクレーターがすべて彗星や隕石の衝突で起こったとすると、過去から現在まで同じ割合で衝突したと仮定するしかないが、それでは月のすべてのクレーターがつくられるのに必要な時間は、月そのものの想定年齢（とりあえず地球と同じ46億年として）をはるかに超えてしまう。

実際、人類が望遠鏡で月を観測し始めた1600年代以降、月への大規模な隕石の衝突は1度も起きていないわけで、計算では137億年とされる宇宙の年齢でも足りないほどである。

これらの疑問も「月イコール地球を産んだ卵」説によれば説明は容易である。卵の表面はデコボコで「あばた面」なのである。これはニワトリの卵を思い出していただければわかりやすい。

ニワトリの卵を電子顕微鏡で拡大してみると、表面はさながら無数のクレーターである。新鮮な卵ほど表面がザラザラのデコボコなのだが、なぜなのかはわからない（熱の発散のためか？）。だが、月も卵の殼に似て表面がザラザラのデコボコなのである。いわば、月のクレーターは、月が「地球を生んだ卵」であることの証であり、卵の表面がデコボコなのは、月の表面がデコボコであることの型写しであるといえる。

月の表面に残る割れた傷跡

月は完全な球体ではなく、わずかに引き伸ばされた楕円形をしており、それ自体、卵型をしているといってよい。それだけでなく、月は裏側（地球の反対側）の地殻が表側の地殻より40～50キロメートル厚いこともアポロ宇宙船の調査によりわかっている。

この極端に不均衡な地殻の厚さから、月の重力の中心は月の中心から2.5キロメートルほど地球側にずれているとされる。こうした奇妙な内部構造は、最新の天文学をもってしても説明するすべを持っていない。

このような月の謎も、月が地球を産んだ卵だったと知れば納得がいくだろう。ニワトリの卵の例がわかりやすいが、ニワトリの卵は楕円形であるだけでなく、中の白身の部分の厚さは場所により大きく異なっている。中の黄身を抜いた状態では重心が片寄るのだが、これらの特徴は、すべて月の特徴と一致する。

つまり月が楕円形であることも、地殻の厚さに違いがあることも、月の重心が片寄っていることも、月が地球を育んだ卵である証拠だといえる。

ちなみに、**地球が月から生まれた証拠として、月には、かつて地球が抜け出るために割れた傷跡が今でも残っているはずである。**それは、卵の黄身が抜けた跡に卵の殻を元に戻しても、割れた痕跡が残るのと同じである。傷跡は相当長距離にわたっているはずで、確認できれば月が地球の母だったこと、地球が月から、卵の黄身のように生まれたことを証明する重要な証拠となる。表面のほこりを払ってでも、ぜひ調査してもらいたい。

ある時期、月は太陽の中にもぐった？

月で採取した石には、チタニウム、クロニウム、ジルコニウム、イソトリウム、ベリリウムなど、地球上では非常にめずらしいレアメタルが多量に含まれている。チタニウムは最も耐熱性の高い金属で、宇宙船や超音速ジェット機の外側に使われている。

地球上ではつくられたことのない、チタニウム、鉄、ジルコニウムを主体とする10種類以上の鉱物からなる合金さえ発見されている。

それらに共通するのは「すべて堅固で高熱に耐え、錆《さび》を寄せ付けない金属」であることだ。これらが凝結した溶岩のようになって一体化するには、少なくとも4000度の高熱が必要となる。チタニウムがこれほど高温になるのは、自然の状態では考えられないことだという。

これらの事実から、現代科学の通説では「月は内側と外側が逆になっている」とされる。つまり、普通ならば内奥にあって地表に出ることのない比重の重い物質がなぜか外側に出てきて、逆になっているということである。

現代科学では説明不可能なこのような月の組成構造も、『日月神示』に示唆された説によれば理解は可能である。

つまり、卵の表面は固い。卵全体の中でも表面の殻が一番固い。これと同じで、月の表面が一番固い金属成分で覆われているのは、月が地球を育んだ卵であったからである。

また『日月神示』は「ヒツキ、ヒ、ツキ、クニ（地球）」と記述する。

これは「最初は日月一体、次は表面から月が消え太陽だけとなり、続いて（地球の種が月の中に入ったために、その視界から）太陽が消えて月だけとなり、地球が生まれた」と解釈できる。

この解釈に従えば、最初日月一体で生まれた後、月は表面から消え、太陽の中にもぐったものと推定できる。月が太陽の中にもぐってもなおかつ存在し続けるためには、表面を耐熱性の高い超合金で覆う必要があった。

このように捉えれば、月の表面に、地球上では考えられないほどの高熱によって生成する超合金物質があるということも納得できる。『日月神示』の記述からの推定であるが、可能性は多いにあると考える。

月が大きい理由

月の重要な謎のひとつに、月の母惑星（地球）に対する異常な大きさがある。月は太陽系の数十個の衛星の中でも直径、質量ともに5番目の大きさを持つ。

太陽系の巨大衛星のうち、最大のものは木星のガニメデで、直径は5280キロメートルもある。2位は土星の衛星タイタン、3位は木星の衛星カリスト、4位も同じく木星のイオである。

衛星のうち、1位から4位までは地球の318倍もある木星と95倍の土星に引き連れられているのだから、大きいのも当然である。

問題は、これら衛星と母惑星との質量比で、最大の衛星ガニメデでも母惑星（木星）の1万3千分の1しかなく、大体が5千分の1から2万分の1ほどの大きさである。これに対し、月は地球の80分の1にも達し、母惑星に対して並外れた質量をもつ。その大きさは他に類をみない。

こうしたことも「月は地球を育んだ母であり、卵だった」と捉えれば理解は容易である。月が地球の母だとすれば、地球の父は太陽である。月は太陽の400分の1ほどの大きさしかないが、地球から見た大きさは月も太陽もほぼ同じである。

つまり、子供である地球から見て、父である太陽と同じほどの存在感をもって母たる月があることになる。そのためにこそ、月は衛星として並外れた大きさをもっているといえよう。

また、地球が月という卵から生まれた鳥のような存在だとして、卵と成鳥との質量比はニワトリ、ダチョウなどを例にとると、概《おおむ》ね30〜100倍である。

つまり、地球が月の80倍の大きさというのは、地球が月という卵から生まれ育った成鳥のようであると考えれば、大きさの比はちょうどよいのである。

月を母とする母子関係説

さて、これまでは主に「月は地球を産んだ卵」という観点から論証してきた。今度は「母子関係説」という視点から検証していきたい。

母子関係説とは、人や動物の母子関係に見られる特徴によって月と地球との間に起こる現象を説明しようとするものである。

この母子関係説は、アメリカの天文学者などの一部ですでに語られているが、その内容は地球を母、月を子供として扱っている。これは全く逆で、本来は月が母、地球が子供の母子関係なのである。

月が地球の母である証拠として、月は地球に対して、きれいな面の表側しか見せず、裏側は決して見せないことが挙げられる。

月の表側（地球側）は、大小のクレーターのほかに「静かの海」や「雨の海」、「豊かの海」などがあって、地球から見ると美しい。それらの描く模様は、ウサギに見えたり他の動物に見えたりと、われわれ地球人の様々な想像をかき立ててくれる。

一方、アポロ宇宙船が初めて月の裏側を撮影するまで、月の裏側も表側と同じようなものだと人々は予想していた。

だが事実は全く異なり、月の裏側はクレーターばかりであった。これは、地球から見た「美しさ」という点で、月の裏側は表側に大きく劣っていることを意味している。

人でも、母親は吾が子に対して自分のきれいな面だけを見せようとする。自らの持つみにくい部分は子に対しては見せたがらない。月が地球にきれいな面しか見せないのも、これと同じことなのである。

月が地球に表側しか見せないのは、「母親（月）は子供（地球）に背を向けることなく、いつも子供を見続けている」ことでもある。

人でも、母親が子供にみにくい面を見せ、あるいは子供に背を向けてしまっては、子供は母の愛情を感ずることができず、不良化してしまいかねない。ちょうど哺乳類動物の母子関係に成立する関係が、月と地球の間にも存在していることになる。

地震と月震の時期と理由

次に、母子関係説の例として、月と地球の地震の時期を挙げよう。

先ほども紹介したが、アポロ宇宙船により月に地震計が設置されて以来、月の「月震」も測定可能となった。

震源地も大体突き止められており、数少ない月震のほとんどが極端に表層部に近いところか、逆に地下600～900キロメートルという深部で起こっている。

浅い震源地の月震は、太陽が昇ったときと沈んだときに決まって発生する。これ自体、『日月神示』に「日月一体、日、月、クニ」とあるように、最初は月と太陽が一体であったことの証明である。

つまり、太陽が昇ったときには、月はかつて一体であった夫との再会に歓喜して震え、太陽が沈むときには別れを悲しんで震える。ちょうど人の妻がそうするように、月も月震によって感情表現しているものと考えられる。

また、深部の月震の発信所が四十箇所ほど把握されているが、その発信所は一箇所を除いてすべて地球側にある。さらに、発信所の半数は、月が地球に最も近づいたとき（月の軌道は多少楕円形である）に月震を起こし、残りの半数は地球から最も離れたときに月震を起こすという。

この説明は母子関係説では容易だろう。月は地球に最も近づいたときには喜びで震え、地球から最も遠ざかったときには悲しみで震える。月が地球の母であるからこその月震だといえる。

一方、地球の地震も同じような観点から説明できる。月と粗暴犯との関連を調査した兵庫県警の黒木巡査部長は、その著書『満月と魔力の謎』（二見書房刊）で、国内で発生した１６０５年から１９９２年までの大きな地震361件についても分析している。

その結果、新・満月時に起きた地震は132件、上弦・下弦時に起きた地震は119件、合計で約七割が月の運行の極にあったときに発生していることがわかった。１９２３年の関東大震災は下弦当日であったし、１９９５年１月の阪神大震災は満月当日であった。

月の運行と巨大地震が関連することについて、これまでのところ、月の引力に原因があるとする説が一般的である。つまり、月が海水に対して干満を及ぼすのと同じように、地球の地殻に引力を及ぼして地震を誘発するというのである。

だが、何度も述べたように、万有引力なる力は地球上の落下運動に限られる。宇宙の無重力空間を越えて月の引力が伝わることはない。

真の原因は後述するとして、地球の地震が月の運行と関係することについても母子関係説で説明できる。すなわち、地球は、母なる月が全面的に顔を出せば喜びで震え、新月として全く見えなくなれば不安になって震えるのだ。

上弦・下弦の月では、母なる月が半分ほど顔を出す。そのほど良さに喜んで震え、地震を起こすといってよい。地震の理由はこれだけではないだろうが、①地震の7割が月の運行の極に起こっていること ②月の月震はほぼ完全に母子関係説で説明でき、子供にあたる地球の地震も、母子関係説で説明できて何らおかしくはないこと ③海水だけでなく、地球の陸地も1日2回、月に引っ張られるかのように約20センチも上下していること——を考えると、その因果関係も含めて調査するべきではないだろうか。

生物の繁殖や食欲との関連

動植物の成長や生殖が月のリズムに支配されていることはよく知られている。

たとえば、ジャガイモには1日に3回、活動のピークがある。アメリカ・イリノイ州ノースウエスタン大学の生物学者、フランク・ブラウン博士の研究によれば、ジャガイモの活動は、早朝は急激に上がり夕方6時過ぎになると急にダウンするというサイクルを繰り返している。その活動リズムは、潮の干満のリズムとぴたりと一致する。同じような活動のリズムは、海草にもウニにも見られるという。

１９７２年以来刊行され続けている『農事暦』には「満月に向かって実を太らせてゆくのは地上に実をつけている作物、反対に地中にできる作物は新月に向かって太っていく」など、月の運行に合わせた作物の植え付け時、収穫時のアドバイスが多いという。

月の影響は食欲にも関与する。魚の食事のリズムは月に影響されると考えられており、大漁を狙うには月の位置を知る必要がある。アメリカのジョン・ハドックという海洋学者がつくった「豊漁カレンダー」はアメリカ漁業民に絶大な信頼を得て長年利用されているが、そのカレンダーは月のサイクルによる太陰暦を元につくってあり、それを太陽暦の時刻に換算しているところがミソだという。

このような例は枚挙にいとまがないが、これらは皆、動植物の成長や生殖が月のリズムに支配されているあらわれである。特に、満月のときに食欲や成長、繁殖が盛んになるのは、地球の母たる月が全面的に顔を出して子供たちの繁栄を願うからであり、月が地球の母であることの証左なのである。

女性の生理と出産への月の影響

月による生物への影響を考えた場合、最も顕著なのは人間の生理への影響だろう。ご存知のように、女性は「月のもの」に支配される。健康な女性であれば12～13歳から50歳頃まで毎月きちんと月経があるが、そのサイクルは平均して29日前後である。

ウォルター・メナカーとアブラハム・メナカーは、女性達の月経サイクルの膨大なデータを分析、研究した。その平均値は29.5日であった。これは月齢1ヶ月の29.5日（月が太陽に対して1周する期間。厳密には29・531日）とピタリと符号する。

メナカーらは、25万回に及ぶ出産記録も収集、妊娠期間の平均日数が265・8日であることも明らかにした。これは、月齢1ヶ月の29.5日で割ると「9」となる。妊娠の平均期間は、月齢9ヶ月と完全に符号することが判明したのである。

また、2万件近くの月経サイクルを分析した例では、満月時や新月時に月経の始まる傾向の強いことが示されている。

出産についても、お茶の水女子大学の藤原正彦教授は「新月の場合も満月の場合も、その1日前と3日後が出産のピークになっている。1日前というのは、引力の変化が最も多く蓄積されるときと考えられる。とにかく、月の引力がお産の引き金になると思われる」と述べている。

　女性が「母」となりうる直接の証明である月経や出産が、ほぼ完全に月のリズムに同期するということは、月が地球生命の「母」であることの証明であるともいえるだろう。月が月のリズムによって地球を宿し、地球を産んだことを示すように、地上の生命も月のリズムによって赤児を宿し、出産する。つまり、人の出産のリズムは、月が地球を生んだことを示す記憶の再現、型示しであるといえるのである。

満月・新月に凶悪犯罪、死亡事故が多い真の理由

「月の魔力」は女性の生理や出産にとどまらない。米国フロリダ州の医学博士A・L・リーバー博士は、自分の勤務する病院の精神病棟の患者が、周期的に混乱を引き起こすことに着目した。彼は「人間の暴力行動の原因は月にあるのではないか」と考え、1956年から70年までのフロリダ州などの殺人事件3895件を収集し、各月齢ごとに分類した。

　結果は、満月時と新月時に殺人事件が多発することを見事に立証するものであった。この調査により、満月時と新月前後に殺人、傷害、異常な性犯罪、放火、自殺などの衝動的

行動や凶悪犯が急増することは、もはや数多くの関係者が認める事実となっている。

日本でも、兵庫県警の黒木月光巡査部長が、1982年から91年に起こった県下の交通事故のうち、人身事故約29万5千件、うち死亡事故約4千件を分析している。その結果、死亡事故に限っていえば新月前日と満月3日前が突出してピークとなっていた。黒木氏は同期間の全国の交通事故のデータ約580万件も収集し、併せて一般の殺人事件についても広く調査している。その結果をみてみよう。

①満月・新月時には突発的、激情的な犯行の起きるケースが多い。交通事故でもイライラがつのり、スピードの出し過ぎや暴走行為、信号無視の続発で死亡事故に至ることが多い。

黒木巡査部長は、この原因を、その時期に月の引力が強まり、人の精神が高揚するためと推測した。

②上弦・下弦の月のときには車の人身事故が増える。この時期には月の引力が弱まり、身体の緊張状態が緩んで精神が弛緩するため、車の運転など瞬時の動作を要する作業に

図表53　月の影響を示すグラフ

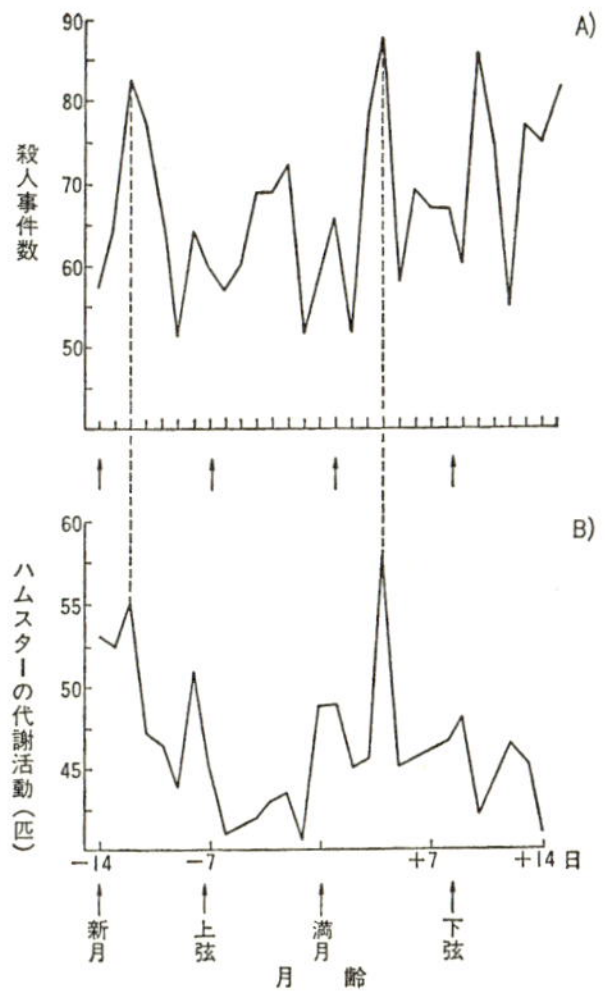

殺人事件とハムスターの代謝活動
チュヤホガ郡の殺人事件数のグラフ（A、1958-1970）と、イリノイ州エバンストンでのフランク・ブラウン博士の行なったハムスターの代謝活動のグラフ（B、1964-1965）を比較した。ピークが一致する。

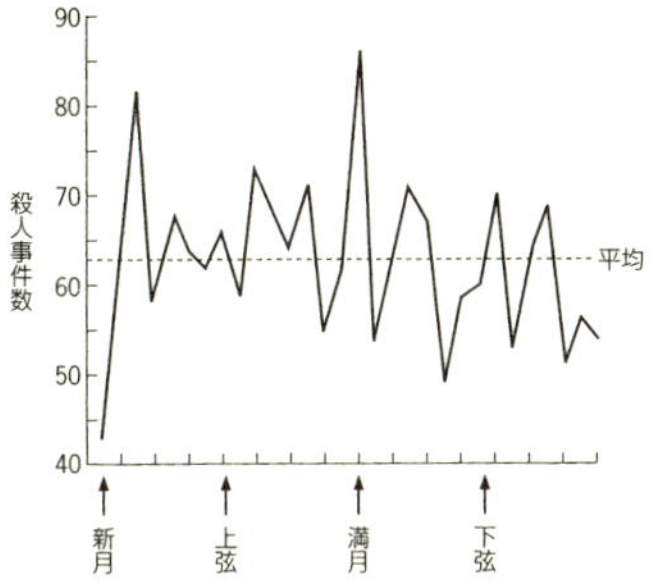

月齢と殺人事件数
フロリダ州デイド郡での15年間（1956-1970）にわたる殺人事件数（1,887件）を、月齢との関係からグラフにした。

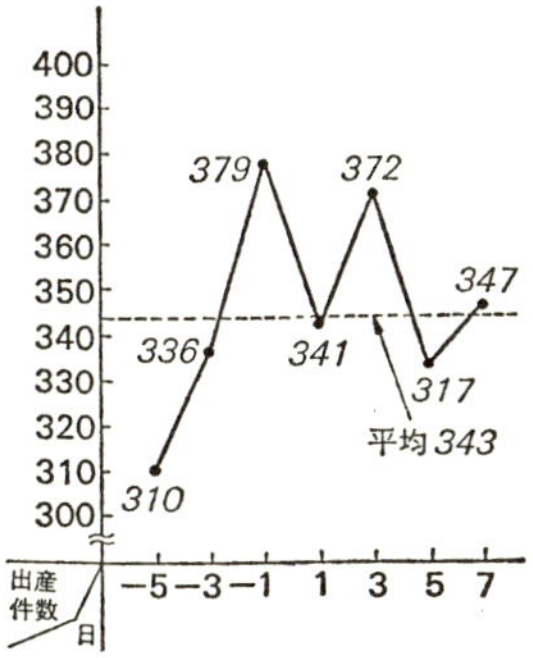

新月または満月より48時間ごとの出産件数（総数2,402件）

（出典『月の魔力』東京書籍刊）

はマイナスに作用するためと思われる。

逆に、この時期には精神がリラックスした状態となって思考力が広がる。したがって、上弦・下弦時には誘拐事件など知能的、計画的な犯罪が多発する――と黒木巡査部長は推定したのである。


満月、新月時に、粗暴犯や凶悪犯、死亡交通事故が多くなるのはなぜだろうか？

この疑問に対しても、月を地球の母とする「母子関係説」によれば説明は難しくない。まず新月時から説明すると、新月前日とは母が子供から完全に隠れてしまう直前である。人でも、母親が子供の視界から全く見えなくなるとなれば、子供は不安とイライラが募って粗暴となる。情緒不安定に陥って衝動的行動にも走りやすい。理性を失うから放火や凶悪犯罪、交通事故死なども起きやすい。

新月前日に凶悪犯や粗暴犯が多いのは、月が地球の、ひいては地球生命の母であることの証明なのである。

一方、満月直前の凶悪事故多発は、新月時とは全く逆である。

母子関係説によるならば、満月とは、子供である地球に対して母たる月が全面的に顔を出すことである。これは、人で言えば子供の行動範囲に何かにつけ全面的に口をはさもう、表に出ようとする母のようなもので、言うならば「過保護・過干渉」である。

母の愛のまなざしを全身に受けて過保護に育った子は、一般にわがままになり、唯我独尊、「自分のものも人のものもすべて自分のもの」でないと気がすまない。

何か失敗しても自分が悪かった、自業自得だとは考えず、他人が悪い、社会が悪い、自分は被害者だと意識する。

このように、過保護に育った子供は犯罪においては粗暴犯、凶悪犯となりやすい。車を運転してもわがままで「自分の運転は正しい」と自己正当化するから、暴走行為や信号無視もへっちゃらである。結果、交通事故死が増えることになる。つまり、月を地球の母とする母子関係説によれば、新月時と満月時では全く逆の原因で粗暴犯、凶悪犯、交通事故死が増えていると考えられる。

このように、満月・新月時の事故や事件の多発まで、月を母とする母子関係説で説明できることを考えると、もはや月が地球の産みの母であることは間違いないであろう。

月の魔力の正体は…

これまでの仮説では、月はその出生も、地球生命への影響の理由も説明不可能な謎だらけの星であった。だが「月は地球の母だった」ということがわかれば、ほとんどの疑問が解消する。

しかし、ここで大きな課題がまだ残っている。それは「母子関係説」で述べた現象が、どのようにして起こっているのかという問題である。

生物の繁殖や食欲への月の影響、女性の生理や妊娠・出産の月の周期への対応、地震の時期の偏り、満月と新月に凶悪事件や死亡事故が多いことなどは、「月を母とする母子関係説」で説明できた。では、科学的、物理的にどのような力が働いてそれらの現象が起きているのか、という疑問である。

この疑問に対しては、これまでアメリカのリーバー博士が提唱した「バイオタイド理論」だけが存在してきた。これは、「生命体にも海の干満に似た現象がある」とする理論である。人体も動植物も大半は水である。人体は約70%、魚は75%、リンゴは85%、トマトは90%が水分である。この体内の水分が、地球の水分である海と同じように、月の引力を受けているとされる。満月・新月時に凶悪犯、死亡事故が多くなることも、女性の生理や出産が増えることも、人体や動植物の水分に月の引力が働くために起こると説明する。

だが、月に宇宙空間を越える引力など無いのである。

宇宙は無重力空間であり、無引力の空間である。その無重力の空間を越えて重さにもとづく引力を発揮することは、月に限らず、地球も太陽も不可能である。

そもそも、ニュートンの引力理論は誤りだとしてアインシュタインに乗り越えられた。そのニュートン的な引力理論を前提とした「バイオタイド理論」は、根本において欠陥がある。現代において、月の影響を述べるのにこの理論しかないというのは、つまるところ、月の影響を媒介する力については全くわかっていないということなのだ。

それでは、月の魔力を媒介する力とは何か？

結論から言うと、前章で取り上げた「空中電位」がその実行者である。

空中電位についてあらためて紹介すると、米国イェール大学元教授のハロルド・サクストン・バー博士が明らかにしたもので、すべての生物は空中電位と地中電位によって律せられているとするものである。

バー博士は、前述したように、20年以上にわたってカエデの木とニレの木の電位、同時に木の周辺の空中電位、地中電位を記録し続けた。その記録を分析した結果、生物内部の電気的変動に先行するように、空中電位と地中電位が変化することを発見した。

バー博士の分析の中で、次の発言は特に注目すべきである。

「木の電位変化で最もはっきりしているのは、日周サイクルだった。早朝はもっとも電位が低く、午後になると最大になるというのがこのサイクルの特徴で、数値と位相は日によって変わり、季節変化も認められた」〈『生命場の科学』Ｐ203〉

この指摘を、「月の動植物への影響」の箇所で紹介した部分と照らし合わせてほしい。

「アメリカ・ノースウエスタン大学のフランク・ブラウン博士の研究によれば、ジャガイモの活動は早朝は急激に上がり夕方6時過ぎになると急にダウンする。その活動リズムは『潮の干満のリズムとぴたりと一致』する。博士によれば、同じような活動のリズムは海草にもカニにも見られるという」

バー博士の空中電位の研究結果は、ノースウエスタン大学のブラウン博士によるジャガイモや海草、カニなどに対する月の影響の研究成果と見事に符合する。この合致を知れば、月の影響、月の魔力とされるものは「月の引力ではなく、空中電位と地中電位が媒介」していることになる。

バー博士は、女性の体の電圧勾配の測定も行なっている。人間は、木のように静止していないから、空中電位や地中電位を計測することは困難であるが、身体に限った電位測定であれば可能である。その測定方法は『生命場の科学』〈日本教文社刊、P59以降〉をご覧いただきたい。

女性の電圧勾配を測定してみると、1ヶ月単位で電位が顕著な上昇を見せる時期があり、これは排卵に伴う現象であることがわかった。ウサギの電圧測定の実験で、排卵とシャープな電位変化の対応を確認し、人間でも、少女の開腹手術で、顕著な電位変化が起きるのは排卵に伴っての現象であることを確認している。

バー博士は、残念ながら、排卵時に起きる生体電位の急激な変化を確認しつつも、それが月の運行と関係があるかどうかまでは調査していない。また、その女性の空中電位の変化までは調べていない。だが、女性の排卵と生体の急激な電位変化が対応する以上、月の影響とされる月経サイクルや出産時期についても、生体電位が深く関与しているものと推定される。

そして、その生体電位の変化は、バー博士がカエデやニレの木で確認したように、空中電位によって誘導されている可能性がある。

つまり、月の影響とされるものは、海水の干満や地震の時期はもちろんのこと、「母子関係説」のところで述べた動植物の生殖や成長のリズム、女性の生理や出産の時期、満月や新月時の死亡事故や凶悪事件の多発など、そのすべてが空中電位と地中電位によって誘導され、生体電位がこれと一体となることによって起こっていると推定されるのである。それが、ハロルド・サクストン・バー博士の研究成果を踏まえた結論である。

本章は「地球の創造」ということで、地球は月を母として生まれたことを紹介した。そして、月が母であることを人類がいつまでも忘れないように、空中電位と地中電位が、さまざまな「月の魔力」を演出していることを指摘した。この空中電位と地中電位の正体については、いずれ明らかにしてみたいと考えているが、人類が空中電位と地中電位の存在を知った今後も、月の魔力は変わることなく続くだろう。それが母たる月の意向を汲むことであり、地球が月から生まれたことを永遠に記すものだからである。

《おわりに》

本書は、宇宙と地球の真実の姿を明らかにしようと、一気に書き上げたものである。書き進んで行くと、自分でも信じられないくらい宇宙と地球に対する認識が深まり、このような本となった。現代宇宙論に対する疑問や異論はずっと持っていたし、一部は論文に書いたこともあったが、本書のように幅広く、奥深く認識が持てたのは、ここ数年である。書き進んでから知らされた内容も、かなりあったことを正直に告白させていただく。

西暦2006年は、アインシュタインが世に出てから、101年目にあたる。この100年間、アインシュタインの理論は「宇宙物理学の王」であり続けた。その理論の重要部分が、本書で指摘したとおり間違っていたとなると、これまでの宇宙理論が大転換することになると思う。そういう意義ある本書を、「アインシュタイン100周年」という節目の年から少し遅れてではあったが、出版できたことに感謝したい。

本書においては、すべてを検証可能な出来事から出発し、現代の最前線の科学的成果を取り入れて、「宇宙と地球の創造と神秘」について記してきた。その内容が、これまでの宇宙論、あるいは地球や月への理解と全く異なることに驚かれた方は多いと思う。まことに「事実は小説よりも奇なり」で、ガリレオの地動説と同じように、やがて本書に書かれたことが真実だと証明される日が必ず来ると信じている。

「光は磁気で曲がる、宇宙は原子・ダルマ型の二重構造、超伝導、空中電位」など、恐るべきは、これらの超能力を駆使して地球と人間を産んだ大宇宙で、その偉業、神ワザぶりはとても言葉では表わしがたい。人類がそれらを実験で再現するにしても、何10億分の1以下の規模で、かつバラバラに分けて行うのがやっとである。

われわれは地球や宇宙のことについて、もっともっと謙虚に知る必要がある。実際、本書では充分展開できなかった宇宙との相似形の意味、空中電位の正体など、地球と宇宙の超能力、奥の深さ、折り重なる歴史の意味などは、とても1冊の本では書ききれない。それらのことは、本書を契機に徐々に明らかにしていきたいと考えている。

ところで、本書で紹介した各種の仮説につき、論理的には充分に根拠を提示したつもりであるが、その科学的証明のためにはデータをとらなければならない。なにしろ現代の定説では、「光が磁気で曲がる」ということさえ公認されていない。閉鎖社会の中で思考停止に陥っている現代天文科学の壁は厚いが、それだけにやりがいもある。本書の内容に共鳴され、実証のため共同研究したいという方は、ぜひ、部門を明示され、筆者宛ご連絡いただきたい。

現代は宇宙の出産の時期に当たるが、それもそろそろ終わりに近づいている。新しい時代を間近に控え、人類の、そして自らのより一層のレベルアップが求められていることを自覚して、この道を歩み続けたいと思う。

最後になるが、本書執筆に当たって、芝浦工業大学の村上雅人教授、岩手大学の八木一正教授、岩手大学客員教授の佐々木修一先生には、大変意義ある研究成果をご披露いただいた。また、たま出版中村利男専務には有益な助言を数多くいただいた。ここに記して謝意を表わすものとする。

合掌

《参考文献》

『ビッグバンはなかった　上下』エリック・J・ラーナー著（河出書房新社）
『生命場の科学』ハロルド・サクストン・バー著（日本教文社）
『宇宙には意思がある』桜井邦朋著（クレスト社）
『宇宙のしくみ』磯部秀三著（日本実業出版社）
『SPACE　ATLAS』川島信樹監修（PHP研究所）
『アインシュタインの世界』平井正則監修（PHP研究所）
『相対性理論の世界』ジェームス・A・コバーン著（講談社）
『面白いほどよくわかる相対性理論』大宮信光著（日本文芸社）
『ホーキング、宇宙を語る』スティーブン・W・ホーキング著（早川書房）
『ホーキング宇宙論の大ウソ』コンノケンイチ著（徳間書店）
『よくわかる宇宙論』金子隆一著（日本文芸社）
『磁石と生き物』保坂栄弘著（コロナ社）
『はじめてナットク！超伝導』村上雅人著（講談社）

『全地球史解読』熊沢峰夫・伊藤孝士・吉田茂生編（東京大学出版会）
『生物は磁気を感じるか』前田坦著（講談社）
『地球から宇宙へ』小口隆・高野長共著（丸善）
『ムー謎シリーズ・月の謎』（学習研究社）
『増補・月の魔力』A・L・リーバー著（東京書籍）
『月の不可思議学』竹内均編（同文書院）
『地球と宇宙の小事典』家正則・木村竜治ほか（岩波書店）
『なぜなぜ宇宙と生命』吉川弘之ほか（日本学術協力財団）
『なぜ磁石は北をさす』力武常次著（日本専門図書出版）
『氷河期の謎とポールシフト』飛鳥昭雄・三神たける共著（学習研究社）
『火水伝文と⊙九十の理』白山大地著（四海書房）
『ひふみ神示（日月神示）』岡本天命筆（コスモ・テン・パブリケーション）

〈著者紹介〉

佐野 雄二（さの ゆうじ）

経営コンサルタント。
1949年北海道美瑛町生まれ。中央大学法学部卒。本業の傍ら、在野のスーパーサイエンティストとして、宇宙論や超古代史、人類史について独自に研究を進めてきた。その仮説の斬新さ、統合力、問題の本質に切り込む能力には定評がある。日本天文学会会員。
FAX 04-2946-3267

誰も知らない「本当の宇宙」

2006年 4 月 3 日　初版第 1 刷発行
2006年 5 月10日　初版第 2 刷発行

著　者　佐野 雄二
発行者　韮澤 潤一郎
発行所　株式会社 たま出版
〒160-0004　東京都新宿区四谷4-28-20
☎ 03-5369-3051（代表）
http://tamabook.com
振　替　00130-5-94804

印刷所　株式会社エーヴィスシステムズ

ISBN4-8127-0204-6 C0011